专家为您答疑丛书

# 小辣椒(朝天椒)栽培

XIAOLAJIAO(CHAOTIAN JIAO)ZAIPEI

耿三省 陈 斌 张晓芬 著

第2版

中国农业出版社

# 第2版前言

　　辣椒为茄科辣椒属植物，属一年生或多年生草本植物，又称番椒、海椒、秦椒、辣茄。辣椒原产于中南美洲热带地区的墨西哥、秘鲁等地，在明朝末年经丝绸之路和海路传入中国，在我国已有300多年的栽培历史。辣椒是深受我国百姓喜爱的蔬菜种类之一，在全国各地均有种植，而且种植面积仍呈不断增长趋势，在我国的四川、湖南、重庆、甘肃、贵州、云南、江西等省、直辖市，辣椒已成为人们每餐必食的重要蔬菜和调味品。辣椒不仅深受我国百姓喜爱，而且在世界各地普遍栽培。自北非经阿拉伯、中亚至东南亚各国及中国西北、西南、中南、华南各省已形成世界有名的"辣带"。

　　辣椒以其嫩果或成熟果供人们食用，可生食、炒食，也可干制、腌制和酱渍等。其果实中富含蛋白质、糖、有机酸、维生素及钙、磷、铁等矿物质，其中维生素C含量在蔬菜中居首位，胡萝卜素含量与胡萝卜相当，还含有大量的辣椒素，能增进食欲、帮助消化，干辣椒则富含维生素A。

　　辣椒品种种类繁多，按其辣味可分为辣椒和甜椒两大类；按其形状又可分为长角椒、灯笼椒、圆锥椒、簇生椒、樱桃椒五类。朝天椒是众多辣椒种类中的一种，兼有观赏和食用价值。目前，我国甜椒、辣椒种植面积达到140万公顷左右，其中辣椒面积占70%左右，约100万公顷，其中朝天辣椒占辣椒的25%左右，约27万公顷。由于朝天椒的生产不同于鲜食辣椒，大多是以干椒商品上市，尤其是簇生辣椒多为一次性采收，单位面积劳动力成本较低，以干椒为主要生产目的，产品的市场销售期长，甚至可以跨年度销售，易于储存和保证质量，受当年市场影响制约较小，因此朝天椒生产相对风险较小，经济效益相对有保障。

近年来，我国朝天椒生产规模化基地已经形成，尤其是在贵州、湖南、四川、重庆等嗜辣地区，由于当地朝天椒加工龙头企业强力推动，带动了朝天椒"红色产业"基地的发展，推动了"小辣椒，大产业，大发展"，朝天椒生产基地形成了"春天一片白（地膜覆盖），夏天一片绿，秋天一片红"的壮丽景观。例如，贵州省遵义大方、独山、花溪等基地年种植规模 13.3 万公顷，仅贵州"老干妈"企业占有朝天椒产量的 50%；重庆市石柱、綦江、黔江等年种植 2 万公顷；河南省邓州、方城、淅川和柘城等年种植规模在 7 万公顷左右；湖南省宝庆、攸县等 2.3 万公顷；河北省鸡泽、保定、冀州等 3 万公顷；云南省丘北、会泽等 2.3 万公顷；山东省武城、胶州等 1.5 万公顷；安徽亳州等 1 万公顷。小辣椒生产已经成为我国部分县（区）的主导产业，尤其是在一些边远山区的贫困县带动了农民增收脱贫致富。如在重庆市石柱县，辣椒生产是石柱县县域特色骨干产业，2006 年种植面积近 1 万公顷，当地领导为石柱辣椒题词"石柱红"，希望"石柱红"辣椒走出重庆，红遍全中国，红遍全世界。

我国改革开放以来，流动人口带动了辣椒文化传播，喜食辣椒的人口不断壮大，不再局限于贵州、湖南、四川、重庆等嗜辣地区；我国辣椒加工企业队伍不断壮大，市场上辣椒产品不断丰富；再加上医药、保健和化妆品对辣椒深加工辣椒红素、辣椒碱等产品的需求，同时国际市场出口辣椒产品的需求增加，辣椒加工产品占我国世界出口量 27%。世界上主要辣椒出口国有中国、印度、西班牙、秘鲁、马来西亚，主要进口国有美国、德国、韩国、日本、东欧及东南亚一些国家。因此，朝天椒在我国不同区域的种植面积将会不断增加，而且生产基地的规模化将会不断扩大。

但是我国目前朝天椒生产基地存在以下问题：一是面积大，单产低，种植技术落后，朝天椒干制后平均667平方米产仅有200千克左右。二是朝天椒生产基地多为山区，经济相对落后，提高种植技术难度大，种植区大量劳动力外出。三是采用的品种多为地方常规品种，品种退化严重，该类型杂交种匮乏。四是良种繁育体系不健全，农民自留种子较多。五是基地农户采后处理、干制（如烘干）技术落后。六是我国对鲜食辣椒育种较为重视，而加工型朝天椒品种育种技术落后或开展很少，部分生产地开始依赖韩国进口朝天椒品种。

全面提升我国朝天椒产业发展水平的建议如下：

1. 发挥优势、适地发展。注重结合气候优势、区位特点、技术基础，针对不同的区域建设不同类型的生产基地。朝天椒品种具很强的区域性和独立性，形成区域特色的生产基地，满足原料生产需求。加工企业与基地紧密结合，根据加工产品对原料需求，建设自己的原料基地，形成规模化种植和公司＋基地＋农户的产业化格局。

2. 市场带动、政府引导。加工生产基地的建设是在市场及加工企业的需求带动下发展的，其运行机制、管理模式遵循自身经济规律。政府主要职责是引导，重点是做好基地的基础建设、市场建设等硬件建设，以及技术、信息、资金、物流的服务。

3. 无公害、标准化发展，提升产业水平。随着辣椒产品的国际化进程，竞争更加激烈，质量安全越来越受到重视，成为提高辣椒产品质量和竞争力的关键。辣椒标准化生产更加健全。国家制定了一系列生产、质量的强制性标准，涵盖辣椒种植过程、加工过程和商品，并进行推广应用。

4. 以新品种、新技术为核心建立规模化生产基地。各级政府、生产企业、种植者都把推广应用新品种、新技术作为生产基地提高产量和单位面积经济效益，提高土地利用率和产出比的主要途径，发挥科技的支撑作用，促进辣椒产业发展，努力提高辣椒的科学种植水平。

5. 广泛开展各种方式的技术培训，尤其是田间学校实地技术培训及采后晾晒和烘干技术普及。大力推广壮苗早栽、地膜覆盖、配方施肥、病虫害综合防治等高产栽培技术。

为了让广大菜农了解并掌握朝天椒的植物学特征、品种特性和栽培方法，我们查阅了大量文献书籍，参观了一些朝天椒种植地区和收购加工基地，结合市场调查、亲自试验研究和拜访有关专家，编写了这本小册子，以供广大菜农朋友、农业科技人员及农业院校师生参阅。

鉴于笔者水平有限，书中不当之处，希望广大专家、读者批评指正。

著 者

2014 年 1 月

# 目 录

## 五、朝天椒塑料大棚栽培技术 ………………………………… 44

## 六、朝天椒露地栽培技术 ………………………………………… 50

# 一、概　述

## 1　辣椒起源何处？在我国栽培历史多长？

　　辣椒的祖籍在南美洲圭亚那卡晏岛的热带雨林中，古称"卡晏辣椒"，是正宗的"辣椒之乡"，不过最早栽种的却是印第安人。在墨西哥的拉瓦坎谷遗址中，曾发现化石辣椒，后在秘鲁沿海一带遗址中，也发现过化石椒。史传15世纪末哥伦布发现新大陆后，辣椒也随之远离故土，先于1493年传入西班牙、匈牙利，1542年又随葡萄牙传教士带到印度、土耳其，1548年又进入英国，到16世纪中叶时已传遍整个中欧地区。在明朝末年经丝绸之路和海路传入中国，在我国已有300多年的栽培历史。

　　我国最早记载辣椒的书籍，首推明万历初高濂《遵生八盏·燕闲清赏笺·卷下·草花谱》。书中记载："番椒丛生白花，子俨似秃笔状，味辣，色红，甚可观，子可种。"又有马欢撰写的著名游记《瀛崖胜览》载："苏门答刺者，其地依山则种椒园，花黄子白，其实初青，老则红。"原来马欢是郑和出使南洋随身通译，辣椒是他们从海路引传到中华大地落户的。还有明汤显祖著的《牡丹亭》中记述了园中赏花时，曾精美绝妙赞颂"辣椒花"。同代王象晋在《群芳谱》上也较有细腻的记载，称辣椒为"番椒"。另一本，清初《花镜》记述："番椒，一名海疯藤，俗名辣茄…丛生白花，秋深结子…其味最辣。"难怪蒲松龄在《农桑经》中依照植物学分类的特点将"番椒"列入花谱。此外，在很多古籍中对辣椒的芳名雅号称谓真不少，诸如胡地椒、海椒、辣子、辣角，等等，不少于10余种。在清乾隆御膳中就配有"辣椒"，道光年间一本《遵义府志》精辟地记载它是"园蔬要品，每味不离。"后来人们经过选培，又分离出尖圆、大小各异的辣椒。在著名植物学家吴俊芳《植物名实图考》中叙述得美仑美奂，尤为细腻：有长细状似牛角名"牛角海椒"；细如小笔尖，丛结仰者曰"篡椒"；还有扁圆色黄或红，味淡者为"柿椒"…；还有《种植新书》上也详细叙述"种类有大小之分、迟早之别，至以种名，不能屈指以数。"可见我国辣椒品种之多确是精彩纷呈，居世界榜首。按分类定名了的不下 700 多个（全球有 7 000 多种）。不过，有名的要算"四大椒乡"——河北望都、河南永城、山西代县、山东耀县；享有声望的，则诸如云南思茅的"涮椒"，只要于汤里涮一下，即成了一锅辣汤，足见其辣性之厉害，几乎可与匈牙利一种辣椒，咬上一口竟辣得半天合不拢嘴，同称"辣椒之王"。还有安徽的"颜集线椒"品味纯正，个大肉厚，色亮，所含辣椒素、红色素远高于颇负盛名的日本"三樱椒"，成为广交会的抢手货；湖南攸县皇图岭所产的一种辣椒，既辣又甜，食后余味满口，被国际友人称为"全红如火，油润光滑，香辣可口"；其他如四川什邡的"红椒"，湖南衡阳的"七星椒"，陕西的"大椒"，山东的"雏椒"，山西的"柿子椒"，河南的洛阳"洛椒"等，真是名品很多，举不胜举。

　　朝天椒是众多辣椒种类中的一种，兼有观赏和食用价值，深受广大人民喜爱。湖南人陈渠珍著《艽野尘梦》（第六章退兵鲁朗及反攻），记载了清末（1910 年）川军入藏期间，他在途经今波密县西北易贡农场的易贡藏布河东岸高山上发现野生辣椒的经过："护兵某，在山后摘回子辣椒甚多。某队在山中搜获牛一头，不及宰杀，即割其腿上肉一方送来。余正苦无肴，得之大喜。乃拌子辣椒炒食之，味绝佳。余生平嗜此味，入藏，久不得食矣。"上段文字里的子辣椒，就是野生辣椒，应该就是朝天椒或小米椒那种样子。这可能就是我国最早记载朝天椒的文献。近几年我国朝天椒的栽培面积逐渐扩大，约 20 多万公顷，占全国辣椒种植总面积的 1/7。

鲜椒和干椒的出口加工量也逐年增加。小小的朝天椒为广大椒农增加经济收入做出了巨大的贡献。

目前朝天椒的市场供不应求，种植朝天椒的经济价值效益很大。

（以上文献资料来源于互联网）

## 2　你了解中国的辣椒文化吗？

辣椒本来并不是中国本土的蔬菜种，而是 400 多年以前从南美洲飘洋过海辗转传来的"外来客"，但这个外来客却与中国和中国人结下了不解之缘。现在的中国人，特别是湖南、贵州、四川、陕西、云南等地区的人民对辣椒更是尤其喜爱。他们早已不单纯把辣椒作为日常饮食生活中"不可一日无此君"的蔬菜和调味品，而且把它融入了人们的饮食文化和艺术殿堂，形成了中国独有的一道亮丽风景和文化，我们姑且称之为"辣椒文化"吧。

（1）从辣椒的名、形、色体现中华民族的审美取向：首先从辣椒的名称来看，辣椒在中国除了正规的学名以外，其他别名真是五花八门、丰富多彩。从其别名"番椒""番姜"来说，这本身就体现了它的"外来客"身份。而从南美洲经中国古代"丝绸之路"传入中国，首先在陕甘一带种植的，则被称为秦椒；从日本、朝鲜、菲律宾乃至东北亚或东南亚国家，再传至中国东南沿海，在广东、广西等地栽培的又名"海椒"；云贵一带爱称其为辣子。还有的地方称其为辣茄，乃至辣虎，也无不表明其对辣椒的喜好。又因为辣椒在中国栽培种植发展极快，中国各地、各省、市莫不自行选育适合本地推广的新品种，为了体现其地域性，大多数省份索性以本地的简称来命名这些新品种，如湘椒、川椒、陕椒、苏椒、粤椒、黔椒、陇椒、榆椒、辽椒，等等。这倒也干脆利落，让人不言自明，农民们按"名"索椒，倒也可以少受一点不必要的损失吧。

辣椒的味觉特点是"辣"，富有刺激性。由椒及人，中国四大古典名著之一《红楼梦》中，那位使人又爱又恨的荣国府贾家当家人王熙凤，南京人称"凤辣子"；湖南妹子本来多称湘妹子，湘女多情，但宋祖英一曲《辣妹子》唱遍大江南北、国内国外，于是豪爽多情的湘妹子倒又获得了"辣妹子"的美称；在英语中"辣"这个词的意思为"hot"和"pungent"。而"hot"最常用的意思是"热"和"火辣辣"。今天很多中国的年轻人，男孩子称为"帅哥""猛男"，女孩子称为"靓姐""辣妹"，尤以"辣妹"最为流行，于是台湾女歌手张惠妹美其名曰"辣妹"；笔者仿佛记得国内的文艺舞台上还有一个三女或四女的合唱组合，就直截了当地称为"辣妹组合"，她们的劲歌热舞不仅使年轻的歌迷们热情奔放，如痴如醉，就是成熟稳重的中老年人有时亦怦然心动。中国人往往在对物体形状和色彩的描绘中体现出他们的感情和审美取向，对辣椒这一爱物当然亦不例外。从果形来说，自然有普通的牛角椒、羊角椒、圆锥椒、线椒、簇生椒，但更有个性化的七星椒、七姊妹、五爪金龙、黑珍珠，以及珍珠椒、樱桃椒、红枣椒、柿子椒等相形相意的美好名称；从色彩来说，自然有最常见的红椒、辣椒、彩椒，但也不乏典雅靓丽的朱红椒、玻璃椒、紫贵人、黄妃、碧玉娇红，等等。

（2）辣椒的气、味、性融入了中华饮食文化的主流：中国的饮食文化源远流长，丰富多彩；中国的菜肴讲究色、香、味。用辣椒做成的菜肴最明显的味道当然是辣，但对嗜辣的国人来说，正是这辣味能融入肺腑，使人难以忘怀，难以舍弃。据统计，湖南人均年消费鲜椒 10 千克以上，川贵一些地区的人年均消费干椒达 2～3 千克。中国著名的八大菜系中，以辣味见长的就占了两位：湘菜和川菜。其他很多地区虽说由于种种原因未能形成所谓的菜系，但其嗜辣、好辣的程度却毫不逊色。当代中国在饮食口味上形成了三大层次的辛辣区：首先是长江中下游的辛辣重区，包括湖南、湖北、江西、贵州、四川、重庆、陕西南部等；其次是北方微辣区，东至朝鲜半岛，包括北京、山东等地，山西、陕北及关中地区，甘肃大部，宁夏、青海、新疆等地；第三是东南沿海淡味区，其中以山东以南的东南沿海以及江苏、上海、浙江、福建、广东为忌辛辣的淡味区。一般来说，淡味区是不吃辣或很少吃辣的，但近年来亦因为东西南北的交流交汇愈来愈广泛，也有不少人或因厌食肥甘，或因压力过重而胃口不开，而转过来吃点辣椒或辣味食品来进行调节。笔者数年前曾去港澳旅游，竟发现过去素以"生猛海鲜""香甜粥品"为主打的当地餐馆、茶楼，居然也备有各式各样的辣味小碟，以供食客随时索取。仅此一斑，亦可说明辣椒在中国是如何大行其道了。

　　有趣的是，在中国最嗜辣的几个省份，长期以来总以"谁最不怕辣"来一竞高下。人们耳熟能详的"四川人不怕辣，贵州人辣不怕，湖南人怕不辣"，乃至后来湖北人亦挤进来的"湖北人不辣怕"这几句民间俗语中的顺序总被人们颠来倒去，总说只有自己本省才是最不怕辣的。既然口头上彼此无法说服对方，于是就来进行各式各样的"吃辣大王"比赛，但赛来赛去也只是此起彼伏，并无定局，哪一省的人也未能成为永久的赢家。科学家们也来凑趣，一板正经地用"辛辣指数"定义来衡量大家嗜辣的程度。测定的结果是：吃得最辣的是四川人，辛辣指数为129；其次为湖南人，其指数为52；贵州估计与四川、湘南不相上下；湖北人则为16。但测定归测定，科学计量在这一点上并未能引起人们的共鸣，人们似乎并不买账。上述诸省的人依然争着竖起大拇指，表明自己人是最不怕辣的。这也足以表明"辣"已深入国人之心，会吃辣也就像会喝酒一样，成为了民间考察人的勇敢气慨和豪爽性情的感性标准。

　　中国人吃辣的方式方法更是花样百出，精彩纷呈。例如川辣的特点是麻辣，在辣中再佐以花椒使其香味更为别致。以重庆火锅为代表的麻、辣、烫正鲜明地凸显了这一特点；黔辣多为酸辣，辣椒或用盐液或用卤水腌泡，泡制出来的辣椒酸香脆嫩，令人胃口大开；云南一带多讲究糊辣，辣椒用油炸糊后享用，倒也别有风味；陕西人则喜欢咸辣并重；湖南人更爱食鲜辣、纯辣，一般不需别的调料来冲淡辣味。中国人的饮食文化就是这么精致、精湛，仅一个辣味就辣出了这么多名堂，这在一个汉堡包或一块肯得基炸鸡就能包打天下的外国人那里，是无论如何也不能想象的。

辣就辣吧，还得讲究辣味食品的花色品种。在中国，辣椒供直接食用的品种就有剁辣椒、酱辣椒、酸辣椒、咸干白辣椒、坛子卜辣椒，乃至后来的辣椒脆片、辣椒圈，等等，这种纯粹的辣椒是川湘云贵一带山民的最爱。它们共同的特点是虽然加工简便，却食味独到，最大限度地保留了鲜辣椒的鲜、香、脆口感；又在腌制过程中清除了青涩气和生青气，增添了恰到好处的微酸与淡甜，既适宜直接食用，也适宜添加到各类菜肴中作为佐料。此外，可供直接食用的还有辣椒与萝卜、藕片等可供鲜食的瓜果类蔬菜搭配更是数不胜数，而各地富有特色的鱼杂辣椒、竹筒萝卜辣椒、肉末灌辣椒以及辣椒炸鱼、泥鳅、香干等，既可当蔬菜也可当待客点心的小吃，也是五花八门、吃不胜吃。

将辣椒加入各种配料，再经过手工或机械工艺加工成辣椒酱，是中国人对中华饮食文化的一大贡献，在我国已有数百年历史，成为了调味品中重要的一员。至于辣酱品种之多，流行之广，绝非三言两语能说得清道得明。就较集中的种类来说，有辣椒豆瓣酱、辣椒肉末（牛肉、猪肉等）酱、辣椒花生（芝麻及其他）酱、蒜蓉辣酱等，不一而足。湖南永丰辣酱国内外闻名，正式见于文字记载的已有上百年历史。其余如四川郫县辣酱、安徽安庆豆瓣酱等亦久闻其名；新一代后起之秀有贵州"老干妈"辣酱系列，以及香港落脚大陆的"李锦记"辣酱系列等，也颇引人关注。甚至连过去不怎么吃辣的广西，居然有号称"桂林三宝"之一的"三花牌"辣酱，作为风味特产，招来了不少外地游客纷纷解囊。作为调味料的干辣椒粉、辣椒油等，也莫不在各路菜肴中大显身手。川、贵、湘、滇一带各家各户的厨房里，不论主人是否嗜辣或不吃辣，都备有这些调味料以供不时之需。如今即使是辣椒叶，也因为近代科学研究说明其有"减肥"的功效，也已成为女士们的一道风味菜。除了新鲜辣椒叶外，也制成盐渍辣椒叶等供人品尝、挑选。科技人员们为迎合市场需要，有的正在努力选育专供叶用的辣椒新品种（系）。

　　总之，小小的辣椒连系着中国千家万户的餐桌，丰富着人民的饮食文化生活。

　　**（3）辣椒成为中华医药宝库的新资源**：中医中药乃是地道的中国国粹，已有上千余年的历史。辣椒来华也晚，自然与中国早期的医药著作或李时珍《本草纲目》擦肩而过。但从辣椒一经进入中华大地，即立马在稍后的园蔬药草著作中"登堂入室了"。1688年刊印的吴昊子所著之《花镜》中"番椒"，是最早的文字记载；1708年成书的《广群芳谱》和明末清初的《群芳谱》等也提到了"番椒"；1848年刊行的《植物名实通考》中收录了一些《本草纲目》中也无记载的植物，书中第一次对辣椒有了比较详尽的记载，并绘制了精确的插图。中国早已流传"药食同源"的理论，早期对辣椒的描述将其作为花卉、蔬果来看的较多；但较后的《药性考》《药检》已将辣椒称之为"辣虎""辣茄"，冠冕堂皇地进入了"药"类行列。由于其药用价值愈来愈被人发现和认识，中国近代《药物与方剂》《中药手册》等著作中也已正式承认了辣椒"中药"的身份和地位。

　　中国的川、湘、滇、黔等地，古代历来称之"瘴疠之地"或"卑湿之地"，乃是因为这些地区多为山地丘陵，夏季炎热、潮湿，冬季寒冷干燥，即使早春也淫雨霏霏，湿气侵人。而辣椒有驱风寒、祛风湿的功效，故一经引入即在当地大受欢迎。尤其过去的贫寒之家，一般风寒感冒之类的"小病小痛"是无钱也无缘进医院的，辣椒这一不花钱的"药"用来"发汗"祛病即为首选。而辣椒也实在是妙，几个入口，人的舌头发麻，得张嘴嗞嗞吸气。再吃几个之后，人就会浑身大汗淋漓，血脉通畅，病即离身。辣椒又性热味辛，少量食用能刺激唾液和胃液分泌，有健胃开胃、促进消化的作用，所以辣椒用来"下饭"最是有效，哪怕没有别的什么菜肴，有一碗辣椒或辣椒炒肉之类，川、湘之人也觉得胃口大开，大喊"过瘾，过瘾"。此外，辣椒用来治疗冻疮、风湿、关节痛、胃寒、气痛等的民间单方、验方也不少，正式的药学著作上亦常见。而随着加工工艺的日益发展，治疗上述疾病的辣椒膏、辣椒酊等正规药物也先后进入大的医院，成为祖国医药宝库中的正式成员。

（4）由辣椒的情、性、质象征中国革命与文学艺术的巧妙联系：在中国，辣椒与"革命"发生关系，起始于一代伟人毛泽东。毛主席早年在斯诺所著的《西行漫记》中有句名言"不吃辣椒不革命"，直接把辣椒与革命精神巧妙地联系起来，使之成为鉴别革命者意志与勇气的试金石，可以说既深刻又幽默，成了中华大地乃至海外的"名人名言"，可入典章。在电视剧《长征》中有一个震撼人心的情节：一名为毛主席和中央首长搞伙食、熬辣汤的炊事班长牺牲在白雪皑皑的高山上，毛主席和战士们悲痛地为这位班长筑起了一座高大的雪坟，主席从口袋里掏出一只又长又大的红辣椒插入坟顶，直指寒天，同时倒出军用水壶里的辣汤，倾洒在坟堆上，并深情地说："胡班长你睡在这里很冷啊！喝一点你自己熬的辣汤御寒吧！"毛主席和一位普通战士的革命情谊就在这辣椒的祭奠中得到了诚挚的升华，烈士的英灵不远，相信也会从辣椒的象征中得到殷切的告慰。

至于辣椒与中国人的文艺生活联系之紧密和广泛，可说是贯穿了方方面面，深入了角角落落。除前面提到过的宋祖英一曲《辣妹子》使湘女又获"辣妹子"的美称，张惠妹人呼"辣妹"外，湘籍笑星何晶晶的名牌电视栏目叫《南北笑星火辣辣》，舞台布景就是满台的红辣椒；湖南省政府的一个电视网站名"红网"，里面的一个网页就叫"红辣椒评论"；湖南还有一本专著《辣椒湖南》，作者蒋祖火亘先生将辣椒与湖南的人文历史、文化情缘和科技生产娓娓道来，可谓华夏第一本论及辣椒与湖湘文化的精品；加拿大海外华人有辣椒城网站；香港有电视名"辣椒教室"。有好几个国内辣椒名产区被命名为"中国辣椒之乡"，辣椒之乡里又建立了进行产品交易的"中国辣椒城"，城里也现代化了，成立了"中国辣椒网"；还有不少辣椒主产区年复一年举办"中国辣椒节"。辣椒节里少不了的助兴节目就是吃辣椒比赛、打辣椒擂台；有的旅行社在辣椒节里专门安排游客去尝辣椒、摘辣椒、看辣椒。

总之，辣椒虽小叹不尽！

（以上内容节选自互联网）

## 3　辣椒的植物学特征是什么?

辣椒根系不发达，分布较浅，主要根群分布在10～30厘米的土层中。辣椒的侧根在主根两侧，生出方向与子叶方向一致。同茄科其他蔬菜相比，辣椒根系发育弱，再生能力差，根量少，茎基部不能发生不定根，栽培中应及时采取护根措施。

辣椒茎直立生长，茎基部木质化，黄绿色，具深绿色纵纹，有的为紫色，较坚韧。多为双杈状分枝，也有三杈分枝。辣椒多数株冠较小，其中小果型品种分枝较多，植株高大。辣椒的分枝结果习性很有规律，有无限分枝和有限分枝两种类型。无限分枝型植株高大，生长健壮，主茎长到7～15片叶时，顶端现蕾，开始分枝，果实着生在分杈处，每个侧枝上又形成花芽和杈状分枝，生长到上层后，由于果实生长发育的影响，分枝规律有所改变，或枝条强弱不等，绝大多数品种属无限生长类型。有限分枝型植株矮小，主茎长到一定节位后，顶部发生花簇封顶，植株顶部结出多数果实。花簇下抽生分枝，分枝的叶腋处还可发生副侧枝，在侧枝和副侧枝的顶部仍然形成花簇封顶，但多不结果，以后植株不再分枝生长。各种簇生椒属有限生长类型。

辣椒叶片较小，呈卵圆或椭圆形，单叶互生，全缘，先端渐尖。辣椒叶片营养丰富，富含蛋白质、维生素C等，可食用。辣椒花为完全花即两性花，属于常异花授粉作物。花朵较小，花冠白色，单生或簇生3～8朵。单生花类型植株分枝性强，簇生花类型植株分枝性弱，花萼基部连成钟形萼筒，先端5齿，宿存。花冠基部合生，先端5裂，基部有蜜腺。雄蕊5～6枚，基部联合。花药长圆形，纵裂。雌蕊 1 枚，子房 2 室，少数为 3 或 4 室。辣椒属常异交作物，自然杂交率 15% 左右，虫媒花。果实为浆果，形状有灯笼形、圆锥形、牛角形、羊角形、线形、圆球形等。果皮肉质，与胎座组织往往分离，形成较大空腔。果实表皮一般有 15～20 微米厚的蜡质层。在果实心皮缝线处有纵隔膜（即果实的筋），细长果实多为 2 室，圆形或灯笼果多为 3～4 室，个别果会出现 5 心室。辣椒嫩果色多为绿色，彩色椒的嫩果色还有白色、紫色等，成熟果实有黄色、红色、橙色、褐色等。多数品种成熟果色为红色。辣椒种子为肾形，淡黄色，千粒重为 4～7 克。种子寿命为 3～5 年，生产上所用的种子年限为 2～3 年。

## *4* 朝天椒如何定义与分类？

辣椒为茄科（Solanaceae）辣椒属（*Capsicum*）植物，属一年生或多年生草本植物，又称为番椒、海椒、秦椒、辣茄。茄科辣椒属中能结食用浆果的 5 个栽培种，分别为一年生辣椒种（*Capsicum annum* L.）、灌木状辣椒种（*Capsicum frutescens* L.）、*C. chinense*、下垂辣椒（*C. baccatum*）和茸毛辣椒（*C. pubescens*），是一种常异花授粉作物。中国一年生辣椒又可分为灯笼椒（*C. annuum* L. var. *grossum* Sent.）、长角椒（*C. annuum* L. var. *longum* Sent.）、指形椒（*C. annuum* L. var. *dactylus* M.）、短锥椒（*C. annuum* L. var. *breviconoideum* Haz.）、樱桃椒（*C. annuum* L. var. *cerasiforme* Irish）和簇生椒（*C. annuum* L. var. *fasciculafum* Sturt.）6 个变种。朝天椒（Capsicum frutescens var.）是对椒果朝天（朝上或斜朝上）生长这一类群辣椒的统称，是按果实着生状态分类的，包括植物分类学上辣椒栽培种 5 个变种中的 4 个变种：簇生椒、单生椒［果形为圆锥椒（小果型）］、长辣椒（短指形）、樱桃椒。朝天椒椒果均较小，因而又称为小辣椒。

## 5　朝天椒有什么特点？

朝天椒的特点是椒果小、辣度高、易干制，主要作为干椒品种利用，与羊角椒、线椒构成我国三大干椒品种系列。全国干椒栽培面积中朝天椒已跃居首位，约 27 万平方米。

## 6　朝天椒主要在我国哪些地区栽培？

朝天椒在我国大部分地区都有栽培，河南、河北栽培面积较大，贵州、山西、陕西、天津、安徽、山东、内蒙古次之，四川、湖南、新疆等省、自治区、直辖市也有栽培。河南省主产区为商丘市、南阳市、濮阳市、三门峡市等；河北省主产区为衡水市、保定市、邢台市等；天津市主产区为宝坻区、静海县等；安徽省主产区为亳州市等；山西省主产区为运城市等；贵州省主产区为遵义市等。

## 7　种植朝天椒的经济效益如何？

种植朝天椒的优点是投资省、用工少、技术简单、周期短、见效快、抗旱稳定、效益高。近些年，朝天椒在国内外市场上都是比较紧俏的商品，价格一直较高。因此，种植朝天椒经济效益十分可观。

## 8　朝天椒的主要用途是什么？

朝天椒既可以鲜食，还可以直接加工成辣椒粉、辣椒油、麻辣酱等调料。朝天椒还是加工泡菜、酱菜等腌制品的重要原料。从干椒中提取出的辣椒红素是化妆品和食品中的天然色素。连朝天椒的叶片也可以加工成各种小菜，出口日本和韩国等地。由辣椒碱制成的辣椒漆，具有很强的防腐防锈等功能，可以用于飞机、轮船等国防科技装备。

# 9　朝天椒的医疗用途有哪些？

**（1）辣椒能燃烧脂肪：**辣椒中含有辣椒素，加速脂肪的新陈代谢，促进能量的消耗，从而防止体内脂肪的聚集。对于不擅嗜辣的人来说，采用辣椒减肥不能太心急，规律地进食，让肠胃刺激感慢慢适应。最近日本对辣椒又有了新解释。在日本，人们认为辣椒在某种程度上是女性的"补品"，而非"天敌"。他们认为，辣椒素（capsaicin）可以促进荷尔蒙分泌，从而加速新陈代谢以达到燃烧体内脂肪的效果，从而起到减肥作用。而且辣椒成分天然可靠。此外，他们还认为，在某些以辣食为主的地区，当地女性不但少有暗疮问题，皮肤大多滋润滑溜。

**（2）辣椒能助颜：**辣椒中的辣椒碱能强心活血，扩张面部皮肤血管，改善面部血液循环，使面色红润。前提是适可而止，小心脸上痘痘爆发。辣椒可促进血液循环。将辣椒素涂在皮肤上，会扩张微血管，促进循环，使皮肤发红、发热。目前已有厂商利用这些原理，把辣椒素放入袜子里，成为"辣椒袜"，供冬天保暖用。辣椒可减轻感冒不适症状，千百年来，辛辣的食物常被认为可以发汗祛痰，现在发现好像也是如此。辛辣的食物可以稀释分泌的黏液，并帮助痰被咳出，以免阻碍呼吸道。加州大学教授艾文奇曼甚至说："许多在药房出售的感冒药、咳嗽药的功效和辣椒完全一样，但我觉得吃辣椒更好，因为它完全没有副作用。"

**（3）辣椒能止痛：**辣椒中的辣椒素可以减少神经细胞的P物质（一种主要分布于中枢神经系统和胃肠道内，心血管系统亦有管饭分布的神经肽——编者注），使疼痛信号的传递变得不灵敏。辣椒也可以用于治疗风湿。自古以来辣椒就常被用来解除疼痛，而科学家最近才知道，辣椒素可以耗尽神经传导物质，而传导物质可以将疼痛的信息传到神经系统。透过辣椒素的止痛原理，辣椒膏已被用来缓解带状疱疹、三叉神经痛等疼痛。在红色、黄色的辣椒、甜椒中，存在另一种成分辣椒红素（capsanthin）。辣椒红素是类胡萝卜素的一种，也是目前热门的抗氧化剂。生辣椒的维生素 C 含量比橙或柠檬多，一只鲜红椒提供的维生素 A 几乎达到营养专家建议的每日需要量的一半。一种含有辣椒素的油膏对减轻带状疱疹的痛苦很有效。

**（4）辣椒可以防癌：**据研究，辣椒中的类胡卜素不但可以有助于视力，而且也具有抗细胞突变的作用。辣椒红素预防癌症从流行病学的研究来看，许多嗜辣的民族如东南亚、印度等国罹患癌症的概率都比西方国家少。科学家推测，这些辛辣的食物中，还有许多抗氧化的物质，氧化与慢性病、癌症及老化本来就有直接的关联。研究指出，辣椒、胡萝卜等蔬菜中类胡萝卜素能刺激细胞间传达信息的基因（因为器官癌变时，细胞间交换信息的系统会发生故障），这可能在预防癌症上有重要的功用。

**（5）辣椒可以预防动脉硬化：**一根红辣椒中含有一日所需的 β-胡萝卜素，而 β-胡萝卜素是强抗氧化剂，可以抑制低密度胆固醇（LDL）被氧化成有害的型态。胆固醇一旦被氧化，就像奶油没放进冰箱一样，会变成坏的物质阻塞动脉。换句话说，β-胡萝卜素在动脉硬化的初始阶段就开始干预。

# 二、朝天椒栽培的生物学基础

## *10* 朝天椒果实为什么特别辛辣?

朝天椒有特浓的辛辣味,是由于果实中含有辣椒素类物质。辣椒中的辣味成分最早由 Thres (1876) 从辣椒果实中分离出来,并被命名为辣椒素 (capsaincin),此后又有一些辣椒素的同系物从辣椒果实中被发现,它们被统称为辣椒素类物质。至今已发现约 14 种以上的辣椒素同系物,其中辣椒素和二氢辣椒素 (dihydrocapsaicin) 占 90%以上,其余同系物仅占少量。最近,在甜椒果实中发现两种无辣味的类辣椒素物质 (capsaicinoid-like substance, CLS) ——辣椒素醋 (capsiate) 和二氢辣椒素酯 (dihydrocapsiate),推测可能是辣椒素类物质合成的前体物,但还需要进一步研究证实。辣椒素的化学名称为 8 -甲基- 6 -癸烯香草基胺,分子式 $C_{18}H_{27}NO_3$,呈单斜长方形片状无色结晶,熔点 65℃,沸点 210~220℃ (0.01mmol/L),易溶于乙醇、乙醚、苯及氯仿,微溶于二硫化碳。

辣椒素类物质可促进肾上腺分泌儿茶酚胺并显著抑制蜡性芽胞杆菌和枯草杆菌,具有抗菌、抗肿瘤和镇痛作用。此外,辣椒素类物质还可作为健胃剂,促进食欲、改善消化功能。因此,辣椒素类物质在人体的医疗保健方面具有较高的应用价值。

## *11* 朝天椒的辣度是多少?

辣椒素的含量一般用辣度表示:辣度＝辣椒素的百分含量×

$1.5 \times 10^5$。朝天椒的辣度一般在 20 000 以上，有的种类可以达到 70 000 以上。

## 12 辣味在果实中的分布特点如何？

辣椒素在果实不同部位的含量不同，胎座和隔膜中的辣椒素含量最高，果肉次之，种子最低。不同类型的辣椒品种间辣椒素含量差别较大，一般在 0.2%～0.5%。在高温和强日照下发育的果实辣椒素含量较高。

## 13 朝天椒果实中含有哪些营养成分？

朝天椒果实营养丰富，每 100 克食用部分鲜重中含糖分 4.0 克，蛋白质 2.0 克，纤维素 2.0 克，钠 2.0 克，脂类 0.4 克，磷 28 毫克，铁 0.5 毫克，钙 1.0 毫克，胡萝卜素 1.56 毫克，青熟果含维生素 C 105 毫克，成熟时红果中的维生素 C 可高达 300 毫克以上。

## 14 朝天椒的果实形状有哪些？

朝天椒的果实形状有指形、樱桃形、短圆锥形、长圆锥形、短细羊角形。

## 15 朝天椒的果实是如何转色的？

果实从开始生长到成熟有明显的色素变化，在未成熟阶段，主要是叶绿素和花青素着色，果实呈现绿色、白色和黄色，到中后期成熟阶段，β-胡萝卜素、叶黄素、辣椒红素含量逐渐增加，果实逐渐转成紫色，最终变为红色。

## *16* 朝天椒的生育周期分几个阶段？

朝天椒的生育周期包括发芽期、幼苗期、开花坐果期、结果期四个阶段。

## *17* 朝天椒对温度的要求是什么？

朝天椒不同生长发育期要求温度不同。种子发芽要求较高的温度（适宜温度为 25～30℃），需 4～5 日即可发芽。低于 10℃，高于 35℃ 都不能正常发芽。

幼苗生长期适宜的温度常比发芽期低些，适宜生长温度为 20℃ 左右，白天 20～25℃，夜间 18～20℃，有利于幼苗缓慢健壮生长，如温度高于 25℃ 以上，幼苗生长虽快，但易出现徒长的弱苗，不利于培育壮苗，对中后期生长发育不利。温度低于 15℃ 时，也不利于茎叶生长和花芽分化。土壤温度对朝天椒幼苗期作用重要，适宜的地温能培育适龄的壮苗，朝天椒幼苗期适宜的地温为 22～24℃，能忍受的最低地温范围为 15～18℃。

开花授粉时期朝天椒夜间适宜温度为 15.5～20.5℃。低于 10℃ 时，难于受精，易引起落花、落果现象。高于 35℃ 时，花器官发育不完全，柱头易干枯不能受精或受精不良而导致落花，即使受精，果实也不能正常发育而干萎。所以在高温的伏天，特别是气温超过 35℃ 时，朝天椒往往不易坐果。

果实发育和转色期要求温度为 25～30℃，因此冬天保护地栽培的朝天椒常因温度过低而使果实发育或转色很慢。不同品种对温度的要求也有一定差异，大果形品种多数比小果形品种更不耐高温。

# *18* 朝天椒对光照的要求是什么?

朝天椒对光照的要求因生育期不同而不同。朝天椒种子属嫌光性,自然光对发芽有一定的抑制作用,所以种子在黑暗条件下容易出芽,而幼苗生长时期则需要良好的光照条件。朝天椒光合作用的饱和点为 4 万~5 万勒克斯,光补偿点为 1 500 勒克斯。朝天椒对日照长短要求不严,光饱和点为 1 500 勒克斯,比一般果菜类低,较耐弱光,怕暴晒。因此,朝天椒可以和果树等高秆作物间作。我国南方朝天椒育苗时期在 11 月至翌年 3 月,光照强度常常没有达到朝天椒的光饱和点,由于光照不足,而导致朝天椒幼苗节间伸长,含水量多,叶薄色淡,苗质弱,适应性差。若在强光条件下,朝天椒幼苗节间较短,叶厚色深,适应性强,故必须在光照充足的条件下才能培育出适应性广的健壮苗。与其他果菜类蔬菜相比,朝天椒又属耐弱光作物,若光强超过光饱和点,反而会因加强光呼吸而消耗更多养分。

朝天椒属适应光周期范围较大的中光性蔬菜作物,对光周期要求不严,光照时间长短对花芽分化和开花无显著影响,10~12 小时的短日照和适度的光强能促进花芽分化和发育,使植株能较早开花结果。

# *19* 朝天椒对水分的要求是什么?

朝天椒不耐涝,比较耐旱,但由于根系较小,需经常保持适当的水分才能生长良好。一般大型果品种需水量较大,小型果品种需水量较小。不同生长发育时期需水量也不同。

种子发芽需要吸收一定量的水分。因朝天椒种皮较厚、吸水较慢,故栽培上要浸种催芽,通常种子浸于水中 8~12 小时,充分吸水后可促进发芽。

　　朝天椒在育苗期间对水分的要求比较严格，水分过多会造成秧苗徒长，根系分布浅，但若水分控制过严，不但使正常生长受到限制，而且会使组织木栓化或成为老苗，所以在育苗期通过控制水分而进行蹲苗时，要掌握好蹲苗时间与程度。朝天椒幼苗期吸水量相对较小，保持土壤湿润则可。

　　朝天椒从定植到开花结果，土壤水分宜少不宜多，以避免茎叶徒长。在初花期，由于植株生长量大，需水量随之增加，特别是果实膨大期需要供给充足的水分，如果水分不足，子房发育受到抑制，不利于果实膨大，易引起落花落果或畸形果增多。进入结果期，是需水量最大的时期，如果这段时间水分不足，果实就会发育不良，产量将大大降低。空气湿度和土壤湿度过大或过小对幼苗生长和开花坐果影响很大，同时容易引起病害。一般空气湿度以60%～80%为宜。幼苗空气湿度过大，容易引发病害；初花期湿度过大会造成落花；盛花期空气过于干燥，也会造成落花落果。

　　在气温和地温适宜的条件下，朝天椒花芽分化和坐果对土壤水分的要求，以土壤含水量相当于田间持水量的55%为最好，干旱易诱发病毒病，淹水数小时植株就会萎蔫死亡。对空气湿度的要求不超过80%为宜，过湿会引起发病，空气湿度过低会严重影响坐果率。朝天椒最怕雨涝，故椒田应实行高垄栽培，挖好排水渠，防止长时间积水，造成沤根。

# 20　朝天椒对土壤的要求是什么？

　　朝天椒适合在中性与偏酸性土壤栽培，比较耐贫瘠，在沙土、壤土、黏土地都可栽植。地势低洼的盐碱地和土壤质地较重、土壤板结严重等造成土壤通气性不良的土壤，都不利于朝天椒生长。宜在土层浻厚肥沃、富含有机质和透水性好的沙土、沙壤土及两合土种植。最好不要连作，也要避免与其他茄科作物连作，若土地调整不开必须连作时，要注意合理施肥，并做好病虫害防治工作。

## *21* 朝天椒对矿质营养的要求是什么?

朝天椒生长发育要求充足的矿质营养,对氮、磷、钾三要素肥料均有较高的要求,尤其对肥料中磷、钾的需求量较大。

在施足有机基肥的基础上,合理掌握氮、磷、钾三要素肥料施用的比例是朝天椒施肥的关键。氮肥供枝叶发育,还影响果实中辣椒素的含量,氮肥较磷、钾肥多时,辣椒素含量降低,氮肥较磷、钾肥少时,辣椒素含量提高。在施用氮肥时要注意适量,过量施用易造成植株狂长,降低朝天椒品质,还要谨防氨气中毒引起落叶。磷肥和钾肥可促进植株根系生长、果实膨大、增强果实着色,还可提高朝天椒的品质和适口性。在盛花坐果期,需要大量的氮、磷、钾肥。

不同生育期,氮、磷、钾三要素肥料的使用量及比例不同。幼苗期植株细小,氮肥的需求量较少,但需适当的磷、钾素,以满足根系生长的需要。朝天椒在幼苗期就已开始花芽分化,此时受氮、磷、钾影响大,施肥全面、比例适中且早施,花芽分化早,分化数量多,相反,若施用量不平衡,会延迟朝天椒花芽分化。单施氮肥或磷肥,单施氮、钾肥或磷、钾肥,都会延迟花芽分化期。盛花坐果时期需大量的氮、磷、钾三要素肥料。初花期氮素过多,植株徒长,营养生长与生殖生长不平衡。大果型品种如甜椒需氮肥较多,小果型品种如簇生椒需氮肥较少。朝天椒的辛辣味受氮素影响明显,多施氮肥辛辣味减低。越夏恋秋的植株,多施氮肥促进新生枝叶抽生,磷、钾肥使茎秆粗健,增强植株抗病力,促进果实膨大和增进果实色泽、品质。故在栽培上氮、磷、钾三要素肥应比例适当。供干制用的朝天椒,应适当控制氮肥,增加磷、钾和钙肥的施用,果实膨大期避免发生缺钙现象,钙肥对果实品质和着色有一定作用。朝天椒生长还需吸收镁、铁、硼、钼、锰等微量元素,一般在有机肥充足的条件下微量元素不缺乏。

总之，在朝天椒栽培中，应注意以农家肥料为主，并施一定数量化肥，追施要注意氮、磷、钾的合理配比。氮肥供应要适量，特别是苗期不宜施氮肥过多，以免造成生长过盛，延迟结果。但朝天椒耐肥力又较差，特别在温室栽培中，一次性施肥量不宜过多，否则易发生各种生理障碍。

## 22 朝天椒的分枝习性是什么？

朝天椒的茎木质化程度较发达，簇生朝天椒类型较其他辣椒低矮、直立，栽培中不必搭支架。单生朝天椒类型植株茎秆较高，需要搭支架。同大多数辣椒一样，朝天椒为假二杈分枝，即主茎在一定节位数时，顶芽形成花芽，其下两侧芽抽出生长，形成杈状分枝，两分枝长出 1～2 片叶后，形成二次杈状分枝，此后继续分枝。簇生朝天椒为有限分枝类型，多数品种当主茎长到一定叶数后，顶部出现花簇封顶，在顶部形成多个果实。下部叶腋产生一级、二级侧枝，之后侧枝顶部也出现花簇封顶。簇生朝天椒植株矮小，一般单株分枝 4～6 个，展开度 30～50 厘米，适宜密植，每 667 平方米可栽 4 000～6 000 株。单生朝天椒为无限分枝类型，植株高大，株高可达 1.5 米以上，侧枝旺盛，采收持续时间长，可适当稀植，每 667 平方米可栽 2 500～3 000 株。

## 23 朝天椒的根系有什么特点？栽培中应如何保护？

朝天椒为直根系，由明显的主根、多级侧根和根毛组成。根系在土壤中分布较浅，集中在 10～30 厘米的土层中，且生长较慢，茎基部也不易产生不定根，因此栽培时最好采用护根育苗，移栽时多带土坨定植，尽量减少伤根，促进缓苗。

## 24 朝天椒生长发育可分几个阶段？各阶段栽培的主要目标是什么？

朝天椒的生长发育可分为发芽期、幼苗期、开花坐果期、结果期四个阶段。

（1）发芽期：从种子发芽到第一片真叶出现为发芽期。管理目标是保证苗齐苗壮。种子质量会影响出苗和苗齐苗壮。

（2）幼苗期：从第一片真叶出现至开始现蕾为幼苗期。管理的目标是培育茎秆粗壮、根系发达的健康壮苗。避免出现徒长苗和老化苗。

（3）开花坐果期：从门花出现花蕾到门花坐果为开花坐果期。这一时期生长量较大，是植株从营养生长为主转向营养与生殖生长并举的关键时期，管理目标是结合肥水管理调整营养生长与生殖生长的关系，促进植株开花坐果。

（4）结果期：从第一层簇生椒坐果或单生类门椒坐果一直到收获结束为止。这一时期内，生殖生长逐渐达到高峰。管理目标是加强肥水管理和环境调控，注意磷钾肥与氮肥的施用比例，防止落花落果，科学防治病虫害，保证早熟丰产。

## 25 朝天椒单株产量是多少？一般单产是多少？

一般单株结果可达 150～300 个，4～5 千克鲜椒，可晒成 1 千克干椒，单果干重 0.5～1.0 克。我国华北地区一般鲜椒 667 平方米产量 1 500～2 500 千克，干椒产量 300～400 千克。

# 三、朝天椒周年栽培与主要栽培品种

## 26　目前朝天椒在我国有哪些主栽品种?

抗病性好、产量高、品质优的朝天椒杂交一代品种逐渐替代传统自交品种。由于朝天椒在我国的种植面积逐渐扩大,已经发展成为一些地区的主要经济作物,国内外许多育种研究所和公司都在积极开展朝天椒的选育工作,近几年陆续推出了许多新品种。来自国内的品种主要有:国塔106、国塔116、七姊妹、一串红、博辣、天骄、博辣、天星、金冠、星秀、红秀、湘辣706、川椒子弹头、天辉、火炬、火焰、天盛、天盛、天辉、傲雪干椒王、千斤樱仔、红玉、海花六号、橙色朝天椒、艳红99、天玉一号、天玉二号、红升、红香玉、天福、圣火、天王星、天王星3号、黔辣2号、黔辣3号、黔辣4号、黔辣5号、单生贵族、鸿丰辣王、朝天贵族等。引进国外公司的品种有:艳红、天宇三号、天升、单生1号、单生618、簇生-958、飞鹰一号、天女散花、韩国白米椒、韩国米辣王等。除此之外,我国云南省和贵州省有丰富的朝天椒资源,种植面积较大的地方品种主要是贵州小椒(圆锥形椒)。当年从日本引进的三樱椒,也叫三鹰椒或天鹰椒,这类簇生朝天椒品种目前在河南地区仍有较大面积种植。

## 27　我国南北方栽培的朝天椒品种有什么区别?

簇生朝天椒为有限生长型,坐果集中,转色集中,生长周期较短，适合一次性采收红椒然后晾晒，或者果实直接在植株上风干后再一次性采收，因此北方冷凉地区一般种植簇生类型的朝天椒品种。而单生朝天椒为无限生长型，果实一层一层结，转色也是由下至上，生长周期较长，适于长季节栽培和多次采收，因此南方温暖地区喜欢种植单生类型的朝天椒品种。

# 28  簇生朝天椒类型新品种有哪些?

簇生朝天椒主要是指果实集中生长于主枝和侧枝顶端，形成果簇，属有限分枝类型，通常是细指形果型的这类朝天椒。主要代表品种为日本三樱椒，农家品种，在日本称为"三鹰椒"或"枥木三鹰"。天津市 1976 年从日本引进，定名为"天鹰椒"，河南省 1976年从日本引进，定名为"三樱椒"。近几年市场上主推的新品种主要有：

国塔 116：北京市农林科学院蔬菜研究中心育成。中早熟杂交一代品种，产量高，单株坐果 150～300 个，单果种子多，果皮厚，单果重 4～6 克，色泽艳红，辣味香浓，适合加工出口。

七姊妹：河南红绿辣椒种业有限公司育成。利用雄性不育育成的杂交一代中熟品种，株高 73 厘米，株幅 36 厘米，果实长 5～6厘米，宽 0.8～1.0 厘米，单果重 3 克左右，辣味强，易干制。单株结果 120～150 个，产量高。

一串红：河南红绿辣椒种业有限公司育成。利用雄性不育育成的杂交一代中熟品种，株高 70～80 厘米，果实长 5～6 厘米，宽0.8～1.0 厘米，单果重 3 克左右，辣味强，易干制，干椒紫红色，抗病性强，丰产性好。

红秀：湖南湘研种业有限公司育成。中早熟品种，果实小羊角形，果长 5.2 厘米左右，果宽 1.1 厘米左右，单果重 4.5 克左右，辣味浓，有香味。青熟果绿色，红熟果鲜红，每簇结果 6～7 个，果尖钝圆，前后期果实一致性好，单株挂果多，丰产潜力大，耐湿热，抗性强。

博辣天骄：湖南省蔬菜研究所育成。中熟品种，主茎高约 30 厘米，株高约 60 厘米，株幅约 52 厘米，果长约 7 厘米，果宽约 1.0 厘米，果肉厚约 1.4 毫米，鲜果单果重 5 克。可鲜食和干制。

傲雪干椒王：河南傲雪种业有限公司育成。杂交一代朝天椒，干椒专用，一次性采收。株型矮，极早熟，坐果集中，皮薄，干椒速度快。果长 6～8 厘米，果型整齐，大小均匀，果实深红亮丽，商品性好。高辣型，品质优，密植产量高，是干椒种植大区和专业种植户更新换代首选品种。

红玉：河南傲雪种业有限公司育成。三系杂交朝天椒，中熟品种，分枝能力极强，连续结果多而集中，中果形，每簇结果 8～12 个，果长约 6 厘米，果粗 1.1～1.3 厘米，单果重 3.6～4.0 克，果实美观，深红亮丽，整齐度好，是鲜食及脱水加工干制的优良品种。

千斤樱仔：河南傲雪种业有限公司从韩国引进的杂交一代中早熟品种，果长 4～6 厘米，朝天生长，植株生长强健。特抗病，单株结果 200～300 个，土地肥沃、管理良好的地块，667 平方米产干椒 600 千克左右。果形美观，色泽亮丽，是出口、加工、鲜食、干制的顶级品种。

天宇三号：圣尼斯种子公司育成。中晚熟杂交品种，果簇 6～7 个果，果实朝天生长；椒长 5～6 厘米，椒径 1.0 厘米，味道辛辣鲜美；植株高大，分枝性强，坐果力强；熟性一致，有利于集中采收；抗病毒病、枯萎病；果实易干制，不皱皮，椒形美观。长势旺盛，连续分枝力强，每分枝顶端 8～12 果，平均单株结果 400 个左右。味辣，果实结籽率高，667 平方米产干椒 400～500 千克。是代替子弹头、三鹰椒等的一个新品种。

火焰：种都科技有限公司育成。长势旺盛，抗病力强，坐果多，果长约 5～6 厘米，光滑红亮，辣味香浓。

簇生-958：种都科技有限公司从韩国引进。植株生长势强，坐果力强，每簇坐果 6～8 个，红果鲜亮，辣味浓，果形美观，果粗 0.8～1.0 厘米，果长 5～6 厘米，高抗病。

此外，还有北京海花生物科技有限公司育成的海花六号、橙色朝天椒，安徽福斯特种苗有限公司育成的天福圣火、韩国米辣王、天王星、天王星 3 号，安徽省砀山县鸿丰种苗研究所育成的朝天贵族，先正达公司育成的天问一号、天问二号。

# 29 单生朝天椒类型新品种有哪些？

单生朝天椒是指果实单生于二分杈间，属无限分枝类型的朝天椒。此类朝天椒多种植于南方露地。近几年市场上主推的新品种主要有：

国塔 106：北京市农林科学院蔬菜研究中心育成。利用雄性不育育成的中熟杂交一代品种，属于"贵州干椒"类型干鲜两用品种，高抗病毒病，适宜鲜食和加工。

川椒子弹头：四川省川椒种业科技有限公司育成。早熟品种，株高约 45 厘米，开展度 40 厘米，生长势较旺盛，抗病力强，单果重 20 克。干椒油分重，红亮，红色素和辣椒素含量高，是加工和火锅配料的优良品种。

金冠：湖南湘研种业有限公司育成。中熟金黄色朝天椒品种。株高 60 厘米，植株直立性强，枝条较硬，叶片小，叶色浓绿；果实小羊角形，果长 9 厘米左右，果宽 1.9 厘米，青熟果绿色，红熟果金黄色；果实单生，朝天，果尖钝圆，前后期果实一致性好，单果重 9.6 克左右，辣味浓，单株挂果多，丰产潜力大，耐湿热，抗性强，适合作鲜食或泡辣椒。

星秀：湖南湘研种业有限公司育成。中熟白色朝天椒品种。株高 80 厘米，植株直立性强，枝条硬，叶片小，叶色浓绿；果实小米椒形，果长 7.5 厘米，果宽 1.4 厘米，青熟果白色，红熟果鲜红；果实单生，朝天，果尖钝圆，前后期果实一致性好，单果重

4.9 克左右，辣味浓，单株挂果多，丰产潜力大，耐湿热，抗性强，适合作干椒或泡辣椒。

湘辣 706：湖南湘研种业有限公司育成。中熟朝天椒品种。果实小羊角形，果长 5～6 厘米，果宽 1.0 厘米，青熟果绿色，红熟果鲜红；果尖钝圆，前后期果实一致性好，单果重 3.3 克左右，辣味浓，单株挂果多，丰产潜力大，耐湿热，抗疫病及病毒病能力强，适合作鲜椒或干辣椒栽培。

博辣天星：湖南省蔬菜研究所育成。中熟品种，株高约 90 厘米，株幅约 85 厘米，果长约 7 厘米，果宽约 1.4 厘米，鲜果单果重约 7 克。

天辉：种都科技有限公司从韩国引进。植株健壮，坐果集中，果色鲜艳，果形美观，辣味浓，果长 5～6 厘米，单果重 5 克左右，抗逆性强，产量高。

火炬：种都科技有限公司育成。单生朝天椒类型，果长约 6 厘米，色泽红艳，特辣，长势强，坐果多，抗病，极具优势的朝天椒品种之一。

飞鹰一号：济南庆丰种苗有限公司从韩国引进。早熟品种，株高 70～100 厘米，分枝力强，开展度 60 厘米左右，较耐干旱和抗病性强，椒长 5～7 厘米，果径 0.8～1.0 厘米，坐果集中，连续坐果能力强，单株坐果 400～500 个，鲜果单果重 3 克，干鲜两用，产量高，辣味强，果色深红，果实顺直，色泽美观，干制后不皱皮。露地栽培专用品种。

艳红：泰国正大公司育成的杂交一代中熟品种。耐热耐湿，抗病；果长 5～8 厘米，横径 0.8 厘米，单果重 3～4 克；株高 80 厘米左右，生长强健，节间短，分枝性强，单株挂果达 600 个以上；辣椒深绿色，红椒鲜红色，果面光滑，亮丽美观，辣味特浓，品质上佳。

天升：圣尼斯种子公司育成。雄性不育系杂交一代品种。中熟，株高 80～85 厘米，开展度 55～60 厘米。果实单生，朝天生长。果实商品性好，产量高，辣度好，抗性优。

天女散花：杂交一代品种。早熟，株高 65～75 厘米，长势强，节间短；果长 4.5～5.5 厘米，果径 0.6 厘米左右，每株结果 200 多个；干燥后果皮深红色，果面光滑，味辣，耐热，高产，抗疫病、炭疽病，抗倒伏，适于露地种植。

此外，还有贵州省辣椒研究所育成的黔辣 2 号、黔辣 3 号、黔辣 4 号、黔辣 5 号，安徽福斯特种苗有限公司育成和引进的艳红 99、天玉一号、天玉二号、红升、红香玉、韩国白米椒，安徽省砀山县鸿丰种苗研究所育成的单生贵族、鸿丰辣王。

## 30  短指形朝天椒品种有哪些？

短指形朝天椒是朝天椒最主要的一类果型。因其外形像手指而得名。果基粗，果顶尖或钝尖，簇生朝天椒主要都是这种果形。主要品种有国塔 116、七姊妹、一串红、红秀、天宇三号、傲雪干椒王、博辣天骄、红秀、红玉、火焰、金冠以及天鹰椒等。部分单生朝天椒也是此类果型。主要品种有艳红、天升、火炬、单生 618 等。

## 31  圆锥形朝天椒品种有哪些？

主要有国塔 106、川椒子弹头、鸡心辣、黑弹头等。

国塔 106：利用雄性不育系育成的中熟杂交单生朝天椒品种，高抗病毒病，适宜鲜食和加工。

川椒子弹头：早熟单生朝天椒品种，株高约 45 厘米，开展度 40 厘米，生长势较旺盛，抗病力强，单果重 20 克。干椒油分重，红亮，红色素和辣椒素含量高，是加工和火锅配料的优良品种。

鸡心辣：为云南、贵州地方品种，已有 200 多年的栽培历史，云南称鸡心辣（状似鸡心），贵州称贵州小辣椒，遵义县已审定为遵椒二号。遵义地区种植面积较大。贵州小椒椒果短宽圆锥形，属小型圆锥椒类，无限分枝类型，假二叉分枝，株高 90 厘米，开展度 40 厘米左右，果实深红色，果长 2.7 厘米左右，果粗（果肩横径）1.5 厘米左右。辣味极强，俗称辣椒王。

黑弹头：为观赏椒品种，株高 60 厘米。叶深绿色，茎枝紫色，开紫花。果对生或簇生，呈小圆锥形，形似子弹头，味极辣。果长 3 厘米，果肩直径 1.6 厘米，果柄长 2.5 厘米。幼果黑色，成熟果鲜红色。坐果率高，每株可坐果 100 多个。在盛果期，椒果黑红朝天，如密林中待发的防空弹头，颇为壮观。

## 32 樱桃椒类型朝天椒品种有哪些？

樱桃椒类型朝天椒品种主要有樱桃辣、日本五彩樱桃椒、黑珍珠、幸运星、樱桃辣椒等。

樱桃椒多作为观赏品种利用，也可以大面积生产。樱桃辣为云南省建水县地方品种，又称团辣，主产于建水县。植株生长势中等，株高 50 厘米左右，开展度 70 厘米左右。坐果多，果单生，果顶向上。嫩熟果绿色，老熟果鲜红色。果实呈小圆球形，似樱桃，称为樱桃辣。果实基部宿存花萼平展。果顶平圆，果长 2.1～2.4 厘米，果径 2.4～2.7 厘米，单果重 7.5～10 克。果肉厚 0.2～0.4 厘米，胎座大，种子较多。每 100 克鲜果含维生素 C76.87 毫克，还原糖 1.64 克，干物质 13.8 克。辣味很浓，有清香味。鲜食、加工兼用，最宜粉碎盐渍。中熟。耐瘠耐旱。适应性强，对土壤要求不太严格，在沙壤、黏壤、黄壤等土地上均可种植。云南、贵州等省部分地区有栽培，667 平方米产鲜椒 500 千克左右。

# 四、朝天椒育苗技术

## 33 辣椒育苗的意义是什么？

先育苗后移栽是蔬菜栽培技术一大进步，工厂化育苗的形成和发展是我国农业向现代化农业发展的一个标志，也是 21 世纪农业发展方向。其主要攻关内容包括园艺种苗的工厂化生产技术研究、现代化温室的改造和研制。

辣椒栽培采用育苗技术可节省用种量，每 667 平方米辣椒育苗移栽需要种子量仅 50 克，比直播用种量要少得多。育苗技术的应用可以提高土地利用率，传统直播一般要冬闲田，育苗则可以前茬种越冬作物，解决了季节衔接的矛盾；育苗可使幼苗集中在小面积苗床上生长，便于管理、节省劳动力，有利于防止自然灾害的威胁，提高秧苗素质，有利于防止病虫危害。育苗的应用可使辣椒种植提早上市并提高产量。一般大田栽培的辣椒，直播由于受露地气候限制，直到 7 月中旬以后才能上市，采用保护地育苗、保护地栽培，收获期可以提前到 4 月下旬，出苗期提前导致生育期的延长，坐果率提高，最终可以达到增产增效。

## 34 朝天椒种子的千粒重是多少？种子的使用寿命有多长？用种量如何掌握？

朝天椒种子千粒重一般 7 克左右。使用寿命一般 3～4 年，最佳使用期 1～3 年。按北方地区每 667 平方米定植 4 000～6 000 株簇生朝天椒计算，一般每 667 平方米用种量 40～50 克。按南方地区每 667 平方米定植 2 500～3 000 株单生朝天椒计算，一般每 667 平方米用种量 30～35 克。如果是露地直播，用种量可增加 1～2 倍。

## 35　朝天椒的壮苗标准是什么？

朝天椒秧苗质量好坏对早熟高产有很大影响。健壮秧苗的标准包括外观和生理两个方面。

**（1）外观标准**：茎短粗，节间短，苗高不超过在内 20～25 厘米，叶片厚，深绿色，具有 8～10 片真叶，已能看到第一花序的花蕾，晚熟品种真叶可达 11～12 片叶。叶色较深绿，且具有光泽，叶片厚实、舒展，叶柄向上开展与茎之间呈 45°左右夹角。根系发达，侧根数量多，且呈白色。全株发育平衡，无病虫害，无老公苗（生长点受阻，只长其他叶片）。

**（2）生理标准**：健壮秧苗的生理表现是含有丰富的营养物质、细胞液浓度大、表皮组织中角质层发达、茎秆起硬，水分不易蒸发，对栽培环境的适应性和抗逆性强，因此壮苗耐旱，较耐低温，定植后缓苗快，开花早，结实多。

## 36　朝天椒的育苗方式有哪些？

**（1）保护地育苗**：在较寒冷的季节，利用保护地育苗可提供适宜辣椒幼苗生长的环境条件。保护地育苗方式主要有以下几种：

①阳畦育苗：阳畦又称冷床，由床框、风障和覆盖物（包括透明覆盖物和不透明覆盖物）三部分组成。主要靠吸收太阳辐射增温，无其他加温设施。

②温床育苗：温床育苗方式主要包括电热温床、酿热温床、火热温床和水热温床 4 种。目前辣椒生产上大多采用地热线加热温

床。地热线加温系利用电流通过阻力大的电导体，把电能转化成为热能给土壤加温。电热温床加热快、床温可按需要进行人工调节或自动调节，而不会受气候条件的影响太大。

③温室育苗：温室按加温方式可分为加温温室和日光温室，按采光材料不同可分为玻璃温室和塑料薄膜温室，按温室结构可分为单屋面温室、双屋面温室和连栋温室。目前生产上较多采用塑料薄膜温室，塑料薄膜温室主要由土墙（或砖墙）、塑料薄膜和钢筋（或竹木骨架）构成，也可添加加温设施，比较经济实用。塑料薄膜温室可用于育苗，也可用于蔬菜生产。

④塑料小拱棚育苗：塑料小拱棚为长江中下游地区普遍采用的育苗设施。主要由塑料薄膜、竹竿组成，结构非常简单，应用也很方便，但保温效果一般，可在小拱棚加盖草苫或采用双层薄膜加强保温，也可在塑料小拱棚的外边加扣塑料大拱棚来增强保温效果。

**（2）无土育苗：**无土育苗利用营养液直接育苗或将营养液浇在卵石、炉渣等培养基上来养苗，是较先进的一种育苗方式。应用无土育苗，出苗快而齐，秧苗生长好，生长速度快，可比其他育苗方式提早一个多月，而且可对秧苗生长的温度、光照、营养、水分等进行人工调节或进行自动控制。但无土育苗费用较高，而且需要掌握一定的技术，主要被专业化公司等用来机械化工厂育苗。

**（3）露地育苗：**在温度较高的南方为了躲避自然灾害和病虫害，保证秧苗栽到地里时的质量等，常采用露地育苗，北方很少采用。

## *37* 如何用塑料营养钵育苗？

用一定大小的育苗钵培育辣椒苗，有利于保护幼苗根系，是一种较好的护根育苗措施。塑料营养钵可多次使用，使用时装入营养土或草炭、蛭石等基质，摆放在育苗畦内即可浇水播种或分苗。浇水以浇透为度。营养钵育苗要注意补充水分，同时要及时浇灌营养液，育苗后期最好移动育苗钵一次防止根系扎入地下。定植时将苗带钵一起运到栽培畦，从塑料营养钵中倒出幼苗即可定植。

## 38 什么是穴盘育苗？有什么好处？

穴盘育苗是用一定大小和孔穴数量的穴盘进行育苗的一种方法。辣椒一般使用72孔穴盘，每个穴盘横向12个穴，纵向6个穴，每穴为4厘米×4厘米。穴盘育苗的优点是保护幼苗根系，移植方便，适于远距离运输和机械化育苗，是工厂化育苗的主要技术之一。

## 39 如何利用穴盘培育壮苗？

穴盘提供幼苗的生长空间有限，因此苗龄相对要短。一般苗龄只需70天左右，8～10片叶。营养土按一定比例混合的草炭和蛭石作基质（2：1或3：1）进行无土育苗。每立方基质能装200～250个盘。穴盘的播种深度为0.5～1.0厘米，直接点播1～2粒种子，播完后用蛭石覆盖约0.5厘米，浇透水，以水从底孔滴出为标准。经间苗、补苗、定苗，直到移栽，中间不再分苗。由于穴盘基质少，渗水快，因此在育苗期间要经常适时浇水，同时保持一定的温湿度，既要防止幼苗缺水萎蔫，又要防止因水分过多湿度过大导致猝倒病、沤根。冬春季育苗有条件的应进行必要的苗床加温。当幼苗3片真叶起，每周需浇灌0.1％～0.5％尿素和磷酸二氢钾等营养液，浓度随苗龄逐渐加大。一般是傍晚前施完，次日上午用清水冲洗掉叶片上的营养液。为防止病害发生，可适时喷洒多菌灵、百菌清等农药，预防猝倒病、灰霉病发生。另外，还要注意预防蚜虫等危害。

## 40 如何配制朝天椒育苗培养土？

培养土是供给朝天椒幼苗水分、养分和空气的基础。朝天椒培养土必须具有良好的物理结构，适宜稳定的化学性质和含有足够的营养成分。要求培养土必须具有良好的保水性、透气性，富含氮、磷、钾、钙等营养元素，pH 以中性略偏碱为宜，无病虫害，具有一定的黏性。

生产上常用的培养土由肥沃的园土、充分腐熟的堆厩肥或粪肥、煤灰渣、碳化谷壳、河泥、塘泥、砂焦、草炭等配制而成，还需加入生石灰、过磷酸钙、尿素、硫酸铵等，以增加养分和调节土壤酸碱度。园土的土壤结构好、富含有机质，是配制培养土的主要成分，一般应占培养土的 30%～50%。但园土病原菌较多，易传染病害如土传病害猝倒病、立枯病、早疫病、菌核病等。故选用园土时，应选用 1～2 年内未种过茄科蔬菜、瓜类蔬菜等的土壤。前茬种过豆类、葱蒜类蔬菜、芹菜或生姜等的土壤较好。因为豆类蔬菜地中含有根瘤菌，具有一定的固氮作用，能使土壤肥力增强；葱蒜类菜地中含有大蒜素硫化物，有利于抑制或杀灭土壤中的病菌。种植生姜的土壤施肥应多，土质好而且含侵害辣椒的病原菌很少。选用其他园土时，一定要铲除表土，掘取心土。园土宜在 8 月高温时掘取，经充分烤晒后，打碎、过筛，再贮存于室内或用薄膜覆盖，保持干燥状态备用。

肥沃的土壤是培育壮苗所必需的。此外，还需有氮、磷、钾、钙、镁、铁等丰富的矿物质元素。若营养供应不足，就会使秧苗生长发育受阻，大大影响辣椒后期产量。为了保证床土肥沃，应全面增加氮、磷、钾等含量，不可偏施氮素肥料。如果氮素过多，而磷和钾等缺少，则会使苗徒长。

有机肥料是培养土主要的营养来源。其含量应占培养土的 20%～30%。施入充足的有机肥料对促进土壤团粒化有很好的效果，能使土壤保持良好的通气性、保水性、透水性。这些有机肥应充分发酵后才能使用，未经发酵的有机肥吸附病菌较多，直接影响秧苗对氮素养分的吸收，所以施入培养土的有机肥料必须是充分腐熟的，决不可把尚未腐熟的栏肥、堆肥等直接施入培养土。在某些红、黄土等缺钙地区，还需施入适量的生石灰，这对创造水稳性团粒结构有良好的作用。碳化谷壳或草木灰能增加培养土中钾素的含量，使土壤疏松，增强透气性，还有吸收光能、提高土温的作用，其含量可占培养土的 20%～30%。磷肥对促进秧苗根系生长有明显的作用，在配制培养土时加入适量的过磷酸钙对培育壮苗有良好效果。

培养土的酸碱度对朝天椒秧苗生长发育也有一定的影响。土壤酸度过强，使根的吸收功能减退，而且磷被固定，限制了根对磷的吸收利用，并妨碍土中有益微生物的活动，降低土壤肥力。土壤碱性过大时，会抑制须根数量的增加，对秧苗根的生长有害，而且会使土壤中磷、锌和锰等一些微量元素的溶解度大大降低，不容易被根吸收利用。因此，利用工厂废水浇地时，应先测酸碱度。这一点必须注意，以免造成损失。

培养土的消毒方法：①用 70%五氯硝基苯粉剂与 50%福美双或 65%代森锌可湿性粉剂等量混合后消毒。一般 1 立方米的培养土拌混合药剂 0.12～0.15 千克。为混合均匀，可先将药剂拌于细土 15 千克，再均匀拌入培养土中。此法可防止猝倒病和立枯病。②苗床消毒剂消毒：为了综合防止苗床病害，可选用苗床消毒剂，一般 60 平方米的苗床可用消毒剂 2～3 包，先拌干细土 10 千克，再均匀撒于苗床土面。这种药土也可在播种后起盖籽土作用。

## *41* 如何确定朝天椒的种子质量？

在一般贮藏条件下朝天椒种子寿命为 4 年，使用年限为 2～3 年。新种子呈乳黄色，表皮有光泽，陈种子为土黄色甚至红色。果实较辣的朝天椒种子辣味较浓，陈种子辣味淡或无辣味。在播种前，主要靠鉴定朝天椒种子的纯度、饱满度、发芽率和发芽势来确定种子质量的好坏。

**（1）发芽率：** 指样本种子中发芽种子所占的百分数。可在垫纸的培养皿内或苗钵中测定种子发芽率。甲级朝天椒种子要求发芽率达到 90%～98%，乙级蔬菜种子要求发芽率达到 85%左右。

**（2）纯度**：指样本种子中属于本品种的种子所占的百分数。朝天椒种子纯度应达到 95%以上。

**（3）发芽势**：指种子的发芽速度和整齐度，表示种子生活力的强弱。一般以朝天椒种子在 6～10 天的发芽种子百分数来确定其发芽势。

**（4）饱满度**：指种子的饱满程度，用种子 1 000 粒的重量（克）来度量，即"千粒重"（或称"绝对重量"）。朝天椒种子千粒重应在 5～6 克，依种粒大小而不同。种子饱满度越高，其播种质量越高。

**（5）水分**：指种子的含水量。种子法要求辣椒种子水分小于或等于 7%。高于 7%水分视为不合格种子。

## *42*　朝天椒浸种的意义是什么？如何浸种？

浸种的主要目的是让种子在有利于吸水的温度条件下，在短时间内吸足从种子萌动到出苗所需的全部水分。较适宜运用于温汤浸种。

温汤浸种操作简便易行，能够起到浸种和消毒双重作用，通过适当的温度处理，能够杀死附在种子表面和部分潜伏在种子内部的病菌。方法是先将种子放在常温水中浸 15 分钟，目的是先将种子浸胀，以尽量减少烫种时对种胚的影响，并促使种子上的病原菌萌动、被烫死。后转入 55～60℃的温汤热水中，用水量为种子量的 5倍左右。期间要不断搅动以使种子受热均匀，并及时补充热水，使水温维持在 55～60℃范围内 10～15 分钟，以起到杀菌作用，之后降低水温至 28～30℃或将种子转入 28～30℃的温水中，继续浸泡8～12 小时。最后洗净辣椒种皮上的黏质。温汤浸种要求严格掌握烫种的水温和时间，才能达到既能杀死病菌又不致烫伤种子的目的。处理时要用温度计一直插在所用的热水中测定水温，以便随时调节。加入热水时切记不要直接冲在种子上，以避免烫伤种子。

## *43* 播种前，朝天椒种子如何消毒？

由于辣椒种子可携带炭疽病、病毒病、疫病、猝倒病、立枯病、疮痂病等多种病害的病原菌，播种前应对种子进行消毒处理，以防止或减轻病害发生。常用的消毒方法有以下几种：

**（1）药剂消毒：**应针对防治的主要病害选取不同的药液。目前生产上常用的药液有 10％磷酸三钠溶液、2％氢氧化钠溶液、1％硫酸铜溶液、0.1％高锰酸钾溶液和 40％福尔马林 100 倍溶液等。具体方法：先用一般温水（25～30℃）浸种 4～5 小时，起水后再将种子浸入调配好的药液中，浸种时间根据主要防止的病害和所选用药液而不同，详见表 1。用药剂浸种后，要用清水将种子冲洗干净，才能催芽或直接播种，以免发生药害。采用此法浸种消毒时，药水的浓度和浸种时间应严格掌握。

表 1  不同辣椒病害常用的药液浓度及处理时间

| 病　害 | 药　液 | 药液浓度（％） | 处理方式 | 处理时间（分钟） |
|---|---|---|---|---|
| 病毒病 | 磷酸三钠 | 10～20 | 浸种 | 15 |
| | 氢氧化钠 | 2 | 浸种 | 15 |
| | 高锰酸钾 | 1 | 浸种 | 15 |
| 早疫病 | 福尔马林 | 1 | 浸种 | 15～20 |
| 疮痂病 | 农用链霉素 | 0.1 | 浸种 | 30 |
| 青枯病 | 农用链霉素 | 0.1 | 浸种 | 30 |
| 炭疽病 | 硫酸铜 | 1 | 浸种 | 5 |
| 猝倒病 | 百菌清 | 0.1 | 拌种 | |
| | 福美双 | 0.1 | 拌种 | |
| | 克菌丹 | 0.1 | 拌种 | |

（续）

| 病　害 | 药　液 | 药液浓度（%） | 处理方式 | 处理时间（分钟） |
|---|---|---|---|---|
| 细菌性病害 | 升汞 | 0.1～0.3 | 浸种 | 5 |
|  | 高锰酸钾 | 1 | 浸种 | 10 |
| 立枯病 | 敌克松 | 70 | 拌种 |  |
| 细菌性角斑病 | 硫酸铜 | 1 | 浸种 | 5 |

**（2）干热处理**：将充分干燥的种子置于 70℃恒温箱内干热处理 72 小时，可杀死许多病原物而不降低种子发芽率，尤其对防止病毒病效果较好。

## *44*　播种前，如何对朝天椒种子进行催芽？

播前催芽是保证出苗快而齐的一项关键措施。催芽主要是满足种子萌发时所需要的温度、氧气和湿度等条件。根据种子量的多少，可选择在恒温培养箱、特制催芽箱、催芽室或催芽床上进行。保湿可采用潮湿的纱布、毛巾等将种子包好，包裹种子时使种子保持松散状态，以保证氧气的供给。

温度对催芽影响较大。辣椒种的催芽温度范围是 25～35℃。由于种子成熟度和种子袋内温度及氧气分布不均，采用恒温催芽，种子萌芽往往不整齐，而且为了达到一定的发芽率，易出现部分徒长芽，因此为了保证出苗壮而整齐，可进行变温催芽，即高低温交替催芽。通常辣椒种子采用变温催芽的高温是 30～35℃，低温是 20～25℃。每日进行一次变温催芽，高、低温处理的时间分别为 10 小时和 14 小时。变温催芽既能加快出芽速度，又能得到较好的芽苗质量。催芽过程中要注意调节湿度并进行换气。每隔 4～5 小时翻动种子一次，进行换气，并及时补充一些水分。种子量大时，每隔一天用温水洗种子一次。朝天椒催芽所需时间为 80 小时左右，当有 75% 左右种子破嘴或露根时，应停止催芽，等待播种。

## *45* 朝天椒的播种方法有哪些?

生产上大批量育苗，多采用直接播种法。直接播种法尤其适应于床土育苗。近年来，随着栽培技术水平的提高，营养育苗盘（穴盘）播种法亦受到了重视，但成本较高，对培养土基质的要求也更加严格，多用于小批量育苗。

**(1) 直接播种法**：按要求铺好床土，将覆盖在上面的培养土整平。播种前一天充分浇足底水（如果是下午播种，也可在上午浇水），播种时先将畦面耙松，随后将催好芽的种子撒播在畦面上。播种量要严格掌握，适宜的播种量按浸种前的干种子计算，10 平方米苗床 0.075~0.1 千克。为播种均匀，可将催芽后的湿种子拌适量干细土后再进行播种。播种后要及时覆一薄层（约 0.5 厘米厚）经消毒过的培养土盖籽，并用洒水壶喷一层薄水，冲出来的种子再用培养土覆盖。最后，为提高保湿保温效果，并防止土表板结，在温度较高时应覆盖遮阳网，温度较低时应覆盖地膜。

**(2) 育苗盘**（穴盘）**播种法**：播种前要先将调整好 pH 的培养土装入育苗穴盘中，将基质刮平稍压，然后用喷水壶浇水，浇水量随基质的成分及基质本身的干湿度而定，一般浇水后使基质持水量达 80% 左右，从外观看以不溢水为准。待水渗透后即可播种。在育苗盘中播种多采用点播。播种后覆一层 0.5 厘米左右干基质，并轻轻压紧，以防出现幼苗"顶帽子"的现象。再用喷雾器喷一层薄水，使盖籽基质处于湿润状态，最后覆上遮阳网或塑料地膜。

## *46* 如何进行朝天椒的苗期管理?

苗期管理是培育壮苗的重要环节。秧苗管理的总原则是让苗子在促控结合的管理过程中苗壮生长。但根据朝天椒幼苗生长的特点，可人为划分为 4 个时期。各时期的管理既有相似之处，又有侧重和区别。

**（1）出苗期的管理：** 从播种到 2 片子叶微展即称为出苗期，一般需 3～4 天。其特点是生长迅速，基本上无干物质积累，管理上主要采取促的措施，即主要是控制较高的湿度和较高的温度。因此，播种前应及时浇透苗床。遇低温时应覆盖保温，出苗期应控制在 22～26℃，高、低温限项分别为 30℃和 18℃。在出苗过程中，还要防止幼苗"戴帽"，因为幼苗"戴帽"就会严重阻碍子叶的光合作用。采取的主要措施是，播种后覆一层 1 厘米厚的培养土盖籽，并适量浇水使土表湿润。如果发现小苗"戴帽"较多，可喷适量水或撒些湿润的细土，从而增加湿度以促进幼苗"脱帽"；如果"戴帽"现象不多，可以采取人工挑开的办法。

**（2）破心期的管理：** 这一时间一般需 3～4 天，其生长特点是幼苗转入绿化，生长速度减慢，子叶开始光合作用，有适量的干物质积累。此期管理的关键是由促转为适当控，保证秧苗稳健生长。

① 加强光照：光照充足是提高绿化期秧苗素质的重要保证，因此在保证秧苗正常生长所需温度下限的前提下，应尽可能使幼苗见光。在正常生长的晴朗天气，可全部揭除覆盖物；即使遇上低温寒潮，也只是加强夜间和早晚覆盖，白天要尽可能增加光照。其次是降低湿度。在此期间如果床土过湿，则幼苗须根少，易引起倒苗或诱发病害，床土湿度一般应控制在持水量的 60%～80%，因此在幼苗破心期一定要控制浇水，甚至可使床土表面"露白"，既可抑制下胚轴伸长，又可促进根系向下深扎。如果遇上连续阴雨天使床土湿度过大，可适当撒些干细土来降低湿度。

② 注意防止"猝倒病"：朝天椒幼苗破心期是突发猝倒病的敏感时期，稍有疏忽可导致成片发病倒苗，主要原因是由于床土和种子消毒不严、湿度过大、通风不良所致，为及时在破心期防止猝倒病蔓延，一旦发现病苗，应立即喷洒 75%百菌清可湿性粉剂 800～1 000 倍液。

③ 及时间苗：以防幼苗拥挤和下胚轴伸长过快而成"高脚苗"。

**（3）旺盛生长期的管理：** 幼苗破心后即进入旺盛生长期，一般有 25 天左右时间。其特点是生长速度快，叶面积增长迅速，开始进行花芽分化。在管理上要提供适宜的温度，较强的光照，充足的水分和养分，并体现促中有控、促控结合，使之稳健生长。

① 确保适宜温度：一般白天气温 20～25℃，地温 16～18℃；夜间气温 15～16℃，地温可降至 13～14℃。根据这一温度指标，在华南地区尤其是在海南等主要南菜北运瓜菜产区，除了冬季寒潮期外，其余时间即使在露地冷床育苗，也能满足温度条件对秧苗正常生长的要求。但如果是在冬春寒潮期间育苗，在必要时仍必须用塑料薄膜覆盖保温。

② 尽可能增加光照，提高幼苗光合生产率：在温度条件能保证秧苗正常生长的情况下，一般不需覆盖；在连续阴雨天的情况下，更要注意增加光照，否则会产生瘦弱苗。

③ 保证水分和养分供应：正常的晴朗天气，一般每隔 2～3 天浇水一次，不要使床土"露白"；但每次浇水量不宜过多，以防床土湿度过大而导致病害发生。在此期间，如果幼苗出现缺肥症状，可结合浇水喷 2～3 次营养液。营养液可用 N、P、K 含量各 15% 左右的专用复合肥配制，喷施浓度以 0.1%～0.2% 为宜；一般开始喷的浓度可低一些，第 2、3 次的浓度可高一些。如果是选用其他单一肥料配制营养液，一定要注意 N、P、K 配合，防止因 N 素过多而引起秧苗徒长或发育不良。配制朝天椒苗营养液可采用以下配方：尿素 40 克，过磷酸钙 65 克，硫酸钾 125 克，加水 100 千克，整体浓度为 0.23%。

④ 注意防止立枯病：在幼苗中后期易发生立枯病危害，应及时防治。常选用的药剂有 75% 百菌清可湿性粉剂 1 000 倍液。

⑤ 适时疏松表土：发现表土结壳或床土板结时，应及时用小竹签或铁丝松土，以利肥水渗入和改善土壤通气状况；同时也是提

高地温，促进根系生长，防止病害发生的重要措施。

（4）**炼苗期的管理：**为了提高幼苗对定植后环境的适应能力，缩短定植后的缓苗时间，在定植前 3～4 天应进行秧苗锻炼。主要措施有揭除覆盖物、控制肥水和喷抑制剂等。近年选用的抑制剂主要是多效唑，喷雾浓度 50 毫克/千克，能显著克服秧苗徒长和提高壮苗率。

## *47* 什么是徒长苗和老化苗？如何防止？

徒长苗须根少，茎细长，子叶脱落早，叶片大而薄，叶色淡。育苗期间温度过高（特别是夜温过高）、湿度大和弱光易形成徒长苗，因此育苗中要控制适宜的温湿度，保持一定的昼夜温差，控制浇水，增加光照。

老化苗根系衰老，新根少而短，颜色暗。茎细而硬，植株矮小，节间短，叶片小而厚，叶色深绿而无韧性。育苗期间温度过低、经常缺水、苗龄过长等均易形成老化苗，育苗中应注意相应管理。

## *48* 育苗中闪苗后怎么办？

"闪苗"现象在整个苗期都可能发生，这是由于环境条件突然改变（冷热突然交替）而造成的。主要是冻害和热烫伤，冻伤首先发生在生长点的幼新叶，因水分足，如遇急剧降温至 10℃ 以下，会出现生长点及新幼叶冻伤致死；热烫伤是苗子突遇高于 40℃ 以上高温暴晒，首先是子叶和下部叶片受热致死并干枯脱落。如果已经出现闪苗，要根据程度轻重进行处理。若叶片仅有零星黄斑，外部完好，子叶没掉，可以进行定植；若叶片边缘部分干黄，定植后加强管理，植株会很快恢复；如果闪苗严重，生长点受损坏死，子叶脱落，最好舍弃不用。

## 49　朝天椒幼苗子叶早落是什么原因？怎样防止？

朝天椒幼苗期的两片子叶生长状况是判断幼苗是否健壮的一个重要标志，子叶脱落越晚，幼苗越壮。子叶早落的原因，一是幼苗生长过程中遇到干旱或低温，二是环境突变交替造成闪苗，三是定植后遇到连续低温，根系恢复慢造成缺水。总之，防止辣椒幼苗子叶脱落的根本措施是合理调控育苗时的温湿环境，避免出现幼苗徒长和老化，更要避免运输、定植时的人为损伤。

## 50　朝天椒什么时期分苗好？怎样分苗？

分苗也称为假植。为防止幼苗拥挤，改善其生长的通风透光条件，当幼苗2～4片真叶时均可进行分苗，分苗太早太晚都不好。分苗可以切断主根，促进侧根发生。

分苗前准备好铺有8～10厘米厚营养土的分苗床。分苗前一天，幼苗要浇"起苗水"，以利起苗时减少伤根，促进缓苗。起苗时要尽可能少伤根，多带土坨。无论是单株还是双株定植，分苗时的株行距均为10厘米×10厘米，要浅栽，让子叶露出地面。栽后浇水不宜过多，以免地温过低。分苗应选在晴天，温度较高时段进行。分苗后及时保温保湿，促进缓苗。

## 51　为什么定植前幼苗需要低温锻炼？如何进行锻炼？

定植前幼苗进行低温锻炼的目的是增加幼苗对早春低温、干旱等不良环境的适应性。在定植前10～15天，逐步降温至白天15～20℃，夜间10℃左右。注意白天通风时逐步揭开覆盖物，加大通风量。定植前3～5天使幼苗处于与定植后环境基本一致的条件。另外，定植前一天可浇一次水，便于起苗时多带土坨，有利于护根缓苗。

## 52 露地育苗中如何培育壮苗？

育苗的场地要选择地势较高、排水良好的地块。采用高畦，畦面平整。种子可浸种催芽或直播，播种后再分苗。可采用营养土方或营养钵育苗。播种后必须采取遮阳防雨措施。遮阳棚可用竹竿、钢筋等插拱架搭成小拱棚，拱架上可加设防虫隔离纱网、遮阳网、防雨塑料棚膜。使用塑料棚膜时应注意通风透气，防止徒长及猝倒。露地育苗期间应适时补水并喷灌营养液，打药杀虫防病，特别注意避免太阳暴晒和雨水渍泡。

## 53 朝天椒适宜的苗龄应多大？

北方露地栽培朝天椒一般在早春温室中进行育苗，苗龄比较长，一般 60～70 天，具有 6～8 片叶。南方如海南三亚露地育苗时间较短，一般 25～30 天，气温高时小苗定植更易于缓苗。

## 54 育苗中易发生什么病虫害？如何防治？

育苗中易发生的主要病害有猝倒病、立枯病、灰霉病；主要虫害有蚜虫和白粉虱。防治方法可参考病虫害防治相关内容。

# 五、朝天椒塑料大棚栽培技术

## 55 什么是塑料大棚?

塑料大棚（简称大棚）是一种由立柱、拉杆、拱杆及压杆做骨架，由塑料薄膜覆盖的拱形棚式保温设施。塑料大棚主要依靠太阳辐射来增温，不需要加温设施。具有结构简单，建造、拆装方便、投资少的优点，但与日光温室相比，保温效果较差，温度变化较快，日温差较大。因此，大棚主要生产季节是春、夏、秋三季，此时通过保温和通风降温可使棚温保持在 15～30℃ 的生长适温。在北京地区，早春栽培辣椒大棚加盖小棚，棚温可提高 2～4℃。采用多层膜覆盖保温效果较好，但透光率降低。

常用的塑料大棚主要有竹或竹木结构、水泥结构和装配式镀锌钢管结构三种。竹木结构塑料大棚在东北、华北、西北地区及黄淮地区应用较多。大棚建造形式有多种。单栋大棚的建造形式主要有拱圆形和屋脊形两种（图 1）。连栋大棚覆盖面积大，土地利用充

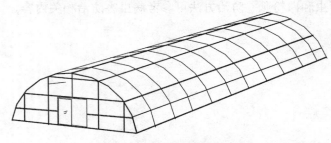

图 1　拱圆形单栋塑料大棚

分，棚内温度高而且稳定，但通风不好，容易造成棚内高温、高湿危害，为病虫害发生创造条件（图2）。大棚不同棚型结构见图2。春季朝天椒栽培大棚以东西向延长光照条件较好。

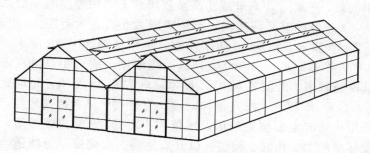

图2　屋脊形连栋塑料大棚

## 56　大棚栽培朝天椒如何培育壮苗？

春提前栽培一般要育大苗。定植时大多数幼苗要现门花花蕾，株高20厘米左右，具有12片左右的叶片，茎秆直径0.5厘米左右，子叶不落，叶片较浓绿。育苗时要适当早播，不同地区的大棚播种期因气候、育苗设施、定植期不同，苗龄70～90天，华北地区可在12月至翌年1月上旬加温温室、日光温室中播种，采用营养钵或穴盘护根育苗。在日光温室中需要结合电热温床育苗，保证夜间温度不低于20℃。苗大时要逐步放风去湿，定植前逐步降低电热温床温度直至停止加温，并且保持夜间开窄风口，这样可以促进炼苗。育苗时浇水要适度，既要保证幼苗需水要求，又要减小湿度防止猝倒和烂根。

## 57　大棚栽培朝天椒如何施基肥、整地和定植？

朝天椒根系分布浅、不耐涝，但较其他类型的辣椒耐旱，整地时必须深翻土壤、精细整地。每 667 平方米施入优质腐熟有机肥 5 000 千克以上，并混入 40 千克磷酸二铵、20 千克尿素等复合肥。将肥料深翻入土，与土壤充分混合、细耙搂平。大棚定植可采用沟栽、平畦、小高畦或小高垄栽培。不采用地膜时一般采用沟栽，1 米宽的畦开两条沟，行距应成大小行，大行距 60 厘米，小行距 40 厘米，沟深 10 厘米左右，定植株距 30～35 厘米，每 667 平方米栽 3 000～4 000 穴，以后逐渐培土成为小高畦；采用平畦覆膜栽培，畦面宽 60～65 厘米，畦沟宽 35 厘米，每畦定植 2 行，株距 35 厘米，每穴单株定植。为有利于早春提高地温，最好采用小高畦地膜覆盖栽培。定植前 10～20 天要扣棚烤地，棚内要尽早施肥、作畦、铺膜，以升高地温。大棚要尽可能适当早定植。华北地区一般在 3 月中下旬至 4 月上旬定植，夜间气温不低于 10℃。如果采用双层膜、小拱棚或中棚有外保温等措施，定植期还可提前几天。

## 58　大棚栽培朝天椒定植后如何进行温度、湿度管理？

　　定植初期为缓苗期，早春外界温度低，栽培上应以采取保温措施促进缓苗。定植前一周可不放风，白天气温控制在 30℃ 左右，超过 35℃ 适当放风，夜间 15℃ 左右。缓苗期后白天通过调节放风时间和防风口大小，调节棚内温湿度，白天控制在 25～27℃，夜间不低于 15℃。当外界温度最低气温稳定在 13℃ 以上，要昼夜放风。朝天椒对高温高湿的耐受力较强，但加强放风降温降湿管理能更好地促进朝天椒生长。放风口应衬有防虫纱网，可防止部分昆虫进入。放风的原则是先小后大，先中间后两边，保持大棚内昼夜温差在 10℃ 左右。当外界夜温达到 15℃ 以上时，晚上要加大通风，到初夏时应将棚四周底围落下，换上防虫纱网，以利于通风降温。

## 59 大棚栽培朝天椒如何进行肥水管理?

定植缓苗后,在朝天椒开花前要进行一次施肥浇水,每 667 平方米施尿素 20 千克。开始坐果后,随水 667 平方米施硫酸铵(或尿素)15～20 千克、硫酸钾 15～20 千克。以后每隔 2～4 次水追一次肥,盛果期一般随水追肥 2～3 次。

## 60 大棚栽培朝天椒如何促进坐果和高产?

定植初期要促控结合,促进根系生长,协调营养生长和生殖生长,促进早坐果和多坐果。定植时浇足定植水,定植后一周内密闭大棚,促使发根缓苗。5～7 天后再浇一次缓苗水,连续中耕 2 次,进行控水蹲苗。缓苗后逐渐通风,调节棚内温度。开始时可在大棚两端拦一个 150 厘米左右高的挡风墙,防止"扫地风"直接吹入棚内。保持棚内气温白天 28～30℃,夜间 15℃以上。随着天气转暖,当夜晚棚外高于 15℃时,昼夜都要注意小通风。

在朝天椒封垄前要进行一次施肥浇水。每 667 平方米沟施复合肥 20 千克和尿素 15 千克。大量果实的膨大生长需要大量肥料,一般随水 667 平方米施尿素 15～20 千克、硫酸钾 15～20 千克、过磷酸钙 40～50 千克。上述肥料可交替使用。以后每隔 2～4 次水追一次肥,盛果期一般随水追肥 2～3 次。定植以后,随天气转暖,田间杂草繁生,这是主要害虫寄生的主要场所。及时进行中耕、除草,既可消灭蚜虫,又可增加土壤通气性。为了防止倒伏,坐果后及时搭架。朝天椒生长后期根系活力下降,进行叶面施肥效果较好,可喷 0.4％磷酸二氢钾,促进开花结果。喷施锌、锰、硼等复合微肥也有一定增产作用。

## 61　大棚栽培朝天椒易发生什么病虫害？

　　大棚朝天椒春季易发生蚜虫和立枯病。定植以后，随天气转暖，田间杂草繁生，这是辣椒主要害虫蚜虫寄生的主要场所。及时进行中耕、除草，既可消灭蚜虫，又可增加土壤通气性。越夏时要注意防止病毒病、疫病和螨类、鳞翅目害虫的危害。病虫害在防治上要以预防为主，进行无公害综合防治。具体方法可参考病虫害及其防治相关内容。

## 62　如何防止朝天椒落花落果？

　　高温、低温、干旱、缺肥、徒长、病虫害都可能引起朝天椒落花落果，因此必须加强栽培管理，包括培育壮苗，适时定植，保护根系，加强肥水管理，防止干旱和积水，保持均衡充足的营养（注意防止偏氮肥）。在加强农业措施的同时，可以适当采用生长调节剂保花促果。其中防落素的效果较好。防落素又名番茄灵、PC-PA，化学名称为对氯苯氧乙酸，使用浓度为 30～40 毫克/千克。防落素原粉不溶于水，先要溶于酒精，在用水定容至所需浓度。防落素 10～15 天喷一次，可连续施用数次。

## 63　保护地中为什么要进行二氧化碳施肥？二氧化碳施肥的适宜浓度是多少？

　　二氧化碳是辣椒进行光合作用制造养分必不可少的原料之一，也称为"气肥"。辣椒中的碳水化合物主要由二氧化碳通过光合作用积累，再经一系列复杂生理反应形成辣椒所需物质。因此，以二氧化碳为主要原料的光合作用是辣椒取得优质高产的基础。保护地中二氧化碳浓度变化有一定规律性，特别在早春和冬季，保护地常处于相对密闭状态，夜间由于植株的呼吸作用和微生物活动，二氧化碳含量较高，可达到 500～600 毫克/千克，比外界增加近一倍。日出后随植株光合作用的增加，二氧化碳被植株很快消耗，在不放风情况下显著低于外界浓度，此时的二氧化碳浓度已经不能满足光合作用的需要，补充一定浓度的二氧化碳可促进植株光合作用积累养分，提高产量。对朝天椒进行二氧化碳施肥的适宜浓度在 750～1 000 毫克/千克内有显著增产效果，且较安全，增产幅度 20％。

## *64* 保护地栽培如何施用二氧化碳？

施用二氧化碳可使辣椒落花落果现象减少，坐果率提高，植株分枝能力增加，株形扩展，花蕾发生量增多，结果数大大增加，单果品质提高。施用 $CO_2$ 时应严格控制其施用浓度，合理安排施用时间。施用 $CO_2$ 的时间应在日出后不久进行，并于通风前 0.5～1 小时停止施用。朝天椒在不同的生长阶段施用 $CO_2$ 效果不同，从定植到开花，由于植株生长慢，一般不需施 $CO_2$，以防植株徒长，应在开花坐果期施用 $CO_2$，以提高坐果率，促进果实生长。但应注意防止 $CO_2$ 气体中混有的有害气体对蔬菜作物的毒害作用。

# 六、朝天椒露地栽培技术

## 65 朝天椒露地栽培一般何时播种育苗？

朝天椒露地栽培多在冬春时节播种，至秋末或冬初收获完毕。各地应根据当地的气温状况来确定播种时间。华北地区播种一般在2月下旬至3月中旬，苗龄55~65天。华北地区多于春季利用保护地播种育苗，于4~5月断霜后定植于露地大田。长江中下游地区于11~12月利用简易保护地设置播种育苗，3~4月定植。华南地区于12月至翌年1月在塑料薄膜覆盖条件下播种育苗，2~3月定植。

## 66 露地栽培朝天椒如何进行整地施肥？

朝天椒对土壤要求不严格，适合在中性与偏酸性土壤栽培，较耐贫瘠，在沙土、壤土、黏土地也可栽植。朝天椒怕水淹，要选择地势高燥、排水方便的地块。精细整地是朝天椒高产的基础。前茬甘薯、棉花收获后即行翻地，深耕20~30厘米即可，晒垡可消灭大部分病菌虫卵。春季解冻后立即施入基肥，深耕15厘米左右，耕后反复耙地保墒。施肥应以底肥为主，追肥为辅；每667平方米可施入腐熟有机肥3 000~5 000千克、尿素40千克、过磷酸钙50千克、硫酸钾30千克。基肥不能施得太浅，容易造成肥料风化流失。作成小高畦或小高垄，畦（垄）面宽约60厘米。

## 67 露地朝天椒何时移栽为好?

朝天椒是喜温作物,在晚霜过后,地温稳定在 10℃以上,夜温稳定在 5℃以上方可进行春季定植。移栽时苗龄不要太小,一般等到 10 片以上真叶时才能移栽。春植田移栽可选晴天进行。

## 68 露地朝天椒的移栽密度是多少?

由于簇生朝天椒和单生朝天椒的植株类型不同,其移栽密度也有所区别。一般在华北、东北地区,簇生朝天椒的移栽密度为每667 平方米 4 000～6 000 株;在长江中下游、华南等地区,单生朝天椒的移栽密度为每 667 平方米 2 500～3 000 株。

## 69 露地朝天椒的移栽方法有哪些?

早春移栽时应选晴天移栽,看土地墒情如何,应抓紧雨后墒足有利时机抢时移栽。先挑选壮苗定植,淘汰病苗、弱苗、虫伤苗。起苗前 1～2 天苗床要浇一次透水,促使根部发新根。没有采用营养钵或穴盘育苗的在起苗时要采取护根措施,尽可能少伤根。苗子要随起随栽,尽量减少放置时间。移栽时按株行距用镢头、小铲挖穴(也可提前用打孔器打好穴)。定植的深度一般以埋土到子叶节处较好。若苗较高,可将一部分茎叶同根一起埋在穴里,促进茎下节长出不定根。定植后在穴内浇足水或先穴内浇水再栽苗。雨天移栽也要等雨后再浇一次水,有利于根系呼吸。栽后一周左右要加强检查,及时补苗补水。

## 70 露地栽培朝天椒为什么采用地膜覆盖好?

采用地膜覆盖后,在春季有明显的增温保温效果,有利于朝天椒发根和植株生长。地膜可以阻挡土壤水分蒸发，减少因水分蒸发使土壤损耗热量，可使耕层土壤温度提高 3～6℃。地膜覆盖之后隔断了土壤与大气的水分交换，使土壤的保墒能力大大提高。早春少浇水也有利于保持土壤温度。地膜覆盖有利于改善土壤结构和营养条件。地膜覆盖可以防止雨水冲刷和灌溉造成的土壤板结，有利于微生物活动，改善土壤理化性质，减少土壤养分流失和淋溶。地膜有一定的反光作用，可以提高植株叶片下部的受光面积，提高光合效率；抑制杂草生长，减轻病虫害危害。采用地膜覆盖的朝天椒可以提前上市半个月左右，经济效益高。

## 71　露地朝天椒如何进行地膜覆盖栽培？

地膜覆盖的地块要提前整地，施足底肥。作成畦面 60～65 厘米宽、15 厘米高的小高畦，每畦内栽 2 行，行距 35 厘米，两畦间留宽 30 厘米的排水沟。实行地膜覆盖可先栽后盖，也可先盖后栽，实践证明先盖后栽比较方便，省去割孔套苗的工作。盖膜时先要选择合适宽度的地膜，铺好膜后用土将四周压实，防止漏气、散热、跑墒。需要提醒的是，在这一茬朝天椒收获结束后，除了清除植株，还要把地里的破旧地膜统一收集处理干净，以免破坏土壤环境，造成白色污染。

## 72　露地栽培朝天椒如何进行直播？

把朝天椒直播在大田中，可免去育苗与移苗许多麻烦。直播要求整地质量高，表土层细碎疏松。土壤通透性好。一般作成高畦。有灌水条件的要浇足底水，保证口墒要好。直播时间要根据当地土温确定，5 厘米土温稳定在 10℃以上为最佳播种期。播种深度 1～2 厘米，可采用穴播或条播的办法。每 667 平方米播量 100～120克。播种后注意保持土壤水分和湿度，便于种子及时萌发。出苗后及时间苗、补苗、中耕除草，并加强病虫害防治。直播的缺点是用种量大，难以保证苗齐，幼苗管理比较费工费时，而且幼苗发育迟，产量比育苗移栽偏低。目前直播方法已经基本不再采用。

# 73 露地栽培朝天椒如何进行田间管理？

（1）**水分管理**：定植后要及时浇足定植水，利于吸收水肥和成活，但不可大水漫灌。前期管理应促控结合，蹲苗不可过分，门椒在开花前视土壤墒情浇水，开花期间要控制浇水，以防落花、落果和秧苗徒长。浇水后土地白皮，要及时中耕破除板结。高温期间要夜灌以降温保苗，进入雨季后及时排水防涝。结果盛期保持地面湿润，每隔 7~8 天浇一次小水，切忌大水漫灌。结果后期要控制浇水。

（2）**肥料管理**：朝天椒生长期长，对肥水需求量较大，在施足基肥的基础上，应根据实际情况及时追肥。幼苗栽植成活后尽早轻施提苗肥，每 667 平方米撒施尿素 5~10 千克。第一层花开放后，稳施催花肥，一般每 667 平方米施复合肥 20 千克、尿素 5~8 千克、过磷酸钙 7~8 千克。进入立秋前后是果实重要的生长阶段，要重施催果肥，一般 667 平方米施复合肥 30 千克、过磷酸钙 25~40 千克、尿素 10 千克，施在距植株 6~10 厘米以外处，以免烧根。朝天椒生长后期根系活力下降，进行叶面施肥效果较好，可喷 0.4%磷酸二氢钾，促进开花结果。喷施锌、锰、硼等复合微肥也有一定增产作用。

（3）**其他管理**：当辣椒第一分枝形成后，把第一分枝以下的叶腋处形成的侧分枝全部去掉。中耕 2~3 次，并进行培土。辣椒结果盛期要注意防止落花、落果、落叶，可喷洒生长调节剂防止落花落果。株高 30 厘米时搭架防倒伏；对于单生品种，在第一分权下的侧枝长到 3 厘米时摘除，秋延后栽培要及时打去多余空枝和细弱枝。

**（4）适时采收：** 生产商品椒一般应待果实 90％以上红熟后一次性采收，必须在下霜前及时拔掉晾晒数日，以免冻害发生。但为了提高干辣椒的产量和品质，降低青果率，减少因采收不及时而造成的损失，可先期分批采收。最后一次采收时，整株拔下，置于通风处晾干或采用其他方法干制后出售。

## *74* 露地栽培朝天椒易发生什么病虫害？

露地栽培朝天椒，春季易发生立枯病、烂根病等，也受到蚜虫、地老虎等地下害虫的危害。越夏时要注意防止病毒病、疫病、青枯病、疮痂病等病害和螨类、鳞翅目害虫。要以预防为主，进行无公害综合防治。具体方法可参考本书病虫害及其防治相关内容。

# 七、朝天椒间作和套种

**75** 什么是间作和套种？朝天椒间作和套种有什么优点？

在同一生长季节内，两种或两种以上蔬菜作物隔畦、隔行或隔株栽培，有规律地同时栽培在同一块地上，称为间作。前作物生育后期，在行间或株间种植后作物，前后作物有一定的共同生长期，称为套种。

合理间作和套种有利于充分利用土地、时间、空间和光照，提高生产效率。合理间作可减少辣椒病毒病、日烧病发生、降低田间温度，改进田间小气候环境，提高辣椒产量。间作和套种要求管理水平较高，肥力、人力和技术要有相应调整，要控制好作物栽培和采收的时期，否则影响蔬菜作物的产量和品质。

**76** 露地朝天椒可以与哪些作物进行间作套种？如何进行间作套种？

露地朝天椒可与多种作物进行间作套种以充分利用空间和日照，提高土地利用率和单位面积的经济效益。

例如，玉米间作朝天椒，每 2 畦或 3 畦（4 行或 6 行）与 1 行玉米间作，东西行向，可减弱光照、减轻病毒病和虫害。朝天椒与玉米套种，田间共生期 110～120 天，每 667 平方米可一次性收获朝天椒 250～300 千克、玉米 350～450 千克，是一种理想的种植模式。豇豆间作朝天椒，每 3 畦（6 行）种 1 架（2 行）豇豆。黄瓜间作朝天椒，黄瓜可选择适于夏秋栽培的耐热品种，一般直播。朝天椒定植后每 3 畦留出宽 80 厘米的空畦备种黄瓜。黄瓜上架时正值高温季节，正好给辣椒遮阴。春薯间作朝天椒，春薯 1.5 米一垄，垄中间栽 1 行朝天椒，株距 25 厘米。甜瓜间作朝天椒，甜瓜1.33 米一行，在甜瓜行间栽 1 行朝天椒，株距 25 厘米。西瓜间作朝天椒，西瓜 2 米一行，在西瓜行间种植 2 行朝天椒，行距 33 厘米，株距 25 厘米。幼林经济林间作朝天椒，幼龄苹果、梨、杜仲、桑等均可，根据树龄与遮阴程度，在行间可间作 3～4 行朝天椒。

朝天椒与春甘蓝套种，如华北地区春季土壤解冻后即可整地作畦，3 月中下旬在垄间先定植早熟品种甘蓝，到 4 月下旬再定植朝天椒。在朝天椒封垄前，5 月上中旬就可收获甘蓝，基本不影响朝天椒的管理。朝天椒与大蒜套种，夏末秋初在朝天椒行间套种大蒜，蒜的株距为 10 厘米，霜降之后拔掉朝天椒，让大蒜继续生长。翌年 4 月下旬在大蒜行间再套种朝天椒，株距 25 厘米。

# 八、观赏朝天椒

## 77 观赏朝天椒的形态特征与生物学特性如何?

观赏朝天椒通常作为一年生观果花卉栽培,是优良的盆栽观果花卉。观赏朝天椒根系不很发达,茎直立,老茎木质化。分枝能力强,双杈或三杈状分枝。株高30~100厘米。单叶卵状披针形或矩圆形,全缘,有叶柄。花小,单生或簇生,有花梗。花冠辐射状五裂,花色有白、绿白、浅紫和紫色。花期一般从5月延续至9月份。浆果,果直立或稍向上倾斜。果形因品种而异,有长指形、樱桃形、圆锥形、羊角形等。果色有黄、红、橙、紫、白、绿等颜色,而且随果实成熟度而变化。观果期6~10月。主要园艺栽培品种有佛手椒、樱桃椒、珍珠椒。观赏朝天椒是喜温性作物,幼苗要求温度较高,随着植株的生长,对温度的适应能力增强,生长发育适温为25~28℃。观赏椒既不耐旱,也不耐涝,还怕霜冻,喜阳光充足、温暖、干燥的环境。在肥沃、排水性好的土壤中生长良好。观赏椒属短日照植物,对较长日照也能适应,要求光照度中等,过强易引起日灼病,不足会延迟结果期并降低结果率。

## 78 观赏朝天椒有哪些品种?

观赏朝天椒是公园、观光农业园及家庭栽培的一类主要用于观赏的小株型朝天椒,颇受人们喜爱。这类辣椒既具有观赏功能,又具有食用价值,属于特色朝天椒。

现介绍一些目前栽培的观赏辣椒品种。

黑皮小指天使：圆锥形小果，果长约 2.5 厘米，果肩宽约 1.6 厘米；果皮色泽由紫黑色变为青绿色，最后老熟期变为鲜红色。在植株生长的中后期，可同时生长三种颜色的果实，观赏价值较大。开花坐果的连续性好。株高 60 厘米左右，长势健壮，坐果率高，单株可挂果 100 余个。果实辣味中等。适合大棚及露地栽培，也非常适合家庭阳台盆栽。

黑珍珠：圆形小果，直径 0.8～1.3 厘米，大小如珍珠；果皮紫黑色，成熟果实鲜红色。结果能力较强，单株可结果 80～100 个；株高 30～40 厘米。适合在温室及家庭阳台盆栽观赏。

五彩椒：小果形，果实呈长圆锥形，果长 2.5 厘米左右；果实颜色有奶白、浅黄、浅紫、橙黄、鲜红等五种颜色变化，具有很高的观赏价值。果实辣味浓。株高 50 厘米左右，结果能力强，单株可结果 150 个以上。非常适合在家庭阳台、公园装饰、农业观光园区的大棚及露地栽培。

幸运星：圆形小果，直径 0.8～1.2 厘米，大小如珍珠，果柄 2 厘米左右；果实绿熟期似绿豆大小，奶白色，果实成熟后变为鲜红色；味极辣，可腌制和鲜食。株高 50～60 厘米，生长势较强，开花坐果连续性好，坐果率高，单株可结果 200 个左右；抗病性较强，适应性广，适合在温室、大棚、露地及家庭阳台栽培。

香辣椒：果实圆球形，横径 2.5～3.5 厘米，嫩果深绿色，老熟果红色，果肉厚 1.2 毫米，国面光滑，辣味强，株高 60～70 厘米，极早熟，结果能力强，定植后 20 天左右可采绿果，40 天红熟。抗病毒病、抗旱、耐涝。适于干制调味或盆栽观赏。

# 79 怎样种好观赏朝天椒？

观赏朝天椒的栽培与生产用朝天椒有许多相似性，但由于其所具备的观赏功能，观赏朝天椒既可以成片栽培也可以盆栽。现就观赏朝天椒的栽培方法介绍如下：

（1）**确定栽培季节**：观赏朝天椒与普通辣椒相似，生长发育需要较为温暖的条件，对日照长短要求不严格，只要温度条件适宜均可栽培。但是，因观赏是其主要功能，对于公园或其他特殊用途的栽培，应人为创造适合其生长发育的环境条件，使其能在特定时节结果。一般华南地区一年可栽培两季，春季在2月下旬至3月中旬播种，秋季于7月下旬至8月上旬播种。华东地区一般也可栽培两季，春季播种在11月中旬至2月中旬，根据育苗及栽培环境而定，秋季通常在7月下旬播种。

（2）**育苗**：由于观赏朝天椒种子价格相对较高，为提高成活率，低温季节播种提倡催芽，电热温床育苗；高温季节直接播种于营养钵，每钵1～2粒种子。播种前，对种子进行消毒，一般先在10%磷酸三钠溶液中消毒15分钟，用清水洗净后浸泡在30℃温水中2～3小时，然后在25～30℃环境下催芽，种子露白后播种。建议采用无土基质育苗，基质配比为泥炭、河沙、珍珠岩6：3：1，或草炭、蛭石3：1。低温季节育苗时，幼苗具有1～2片真叶时假植进钵。当秧苗具5片左右真叶时定植。

（3）**定植**：选择前2～3年未种植茄果类蔬菜的田块栽培。定植前结合整地，每667平方米施用腐熟农家肥1 000千克，复合肥30千克。畦宽1米，沟宽40厘米，畦高25厘米以上。双行定植，一般品种株距30厘米左右。株型大的品种，株距适当加大，定植时尽量保留育苗时完整的基质，以保护根系，促进缓苗，定植后浇透水。对于株型小的品种可进行盆栽，塑料盆直径20～25厘米，盆内填充肥沃营养土，每盆1株。

（4）**定植后管理**：定植后管理的目标是保花疏果。定植后约1周，秧苗已经成活，此时浇1%复合肥。开花前10天每667平方米施用复合肥15千克，以后根据实际生长情况适时追肥。盆栽的一般在花蕾出现后适量追施磷钾复合肥。当环境温度低于15℃或高于30℃时，开花结果不良，可采用15～25毫克/升防落素喷花，以促进坐果。结果盛期如果结果数较多，应及时采收老熟果，以减少养分消耗。

**（5）植株调整：**观赏朝天椒整枝较为严格，一般将分杈处以下的侧枝全部摘除，分杈以上的侧枝适当保留，特别是株型较矮小的品种应注意植株造型，防止出现强弱枝，影响观赏效果。大田栽培尤其是保护地栽培时，对于植株较高大的品种，应立支架以防倒伏。

**（6）病虫害防治：**观赏朝天椒的主要病虫害有病毒病、疫病、青枯病以及蚜虫、蓟马、白粉虱、茶黄螨等，应及时防治。防治方法可参看本书病虫害防治相关内容。

# 九、朝天椒营养诊断

## 80 辣椒缺氮表现什么症状？

缺氮时植株生育不良，植株瘦小，叶片由深绿变为淡绿至黄绿色，叶柄和叶基部变为红色，特别是下部叶片发黄。当氮肥过多时，心叶浓绿，叶片皱缩，中部功能叶片中肋突出，形成覆船形，下部叶片出现扭曲，叶片大，叶柄长。

## 81 辣椒缺磷表现什么症状？

缺磷时叶片呈暗绿色，并有褐斑，老叶变褐色，叶片薄，下部叶片叶脉发红。当植株体内磷过剩时，叶尖端白化干枯，同时出现小麻点。

## 82 辣椒缺钾表现什么症状？

缺钾时，植株叶片尖端变黄，有较大不规则斑点，叶尖和边缘坏死干枯，叶片小而卷，节间变短。有的品种叶缘与叶脉间有斑纹，叶片皱缩。

## 83 辣椒缺钙表现什么症状？

缺钙时植株生长点畸形或坏死，停止生长或萎缩。辣椒果实也易发生脐腐病。

# 84　辣椒缺铁表现什么症状？

缺铁时叶片黄化、白化，而且易先在嫩叶上出现。土壤酸碱度不合适是造成缺铁的间接原因，只有在酸性土壤中才有较多的铁离子。

# 85　辣椒缺硼表现什么症状？

缺硼时植株生长点畸形或坏死，停止生长或萎缩。

# 86　辣椒缺镁表现什么症状？

缺镁时植株叶片灰绿色，叶脉间黄化，基部叶片脱落，植株矮小，坐果少。

# 十、朝天椒采种技术及良种繁育

## 87 朝天椒的授粉方式如何？

朝天椒基本上以自花授粉为主，但开花时白色五星形花冠也能招引蜂类昆虫，天然异交率在 10% 以上，称为常异花授粉作物。

## 88 如何选择适宜的生态区进行朝天椒种子生产？

朝天椒种子生产要根据品种的生物学特性，选择适宜的地区生产种子，这是朝天椒种子优质高产的基础。一般宜选择光照充足、有一定昼夜温差、果实成熟期降雨量较适中无强风的自然环境生产种子。我国有许多地区可进行朝天椒种子生产，如辽宁、内蒙古、山西、青海、新疆、河南、海南等地。种子生产可分为常规品种扩繁和杂交种子生产，注意与其他辣椒隔离区大于 500 米。

## 89 怎样进行科学留种和田间管理？

常规品种采种田不能放松管理，要特别注意加强前期的管理，促进秧壮，以提高种子产量。管理方法可参考前文朝天椒栽培的相关内容。

种株上留果的位置和数量要根据气候和品种特性科学地进行管理。要避免种果成熟期在雨季，以提高种子的质量和产量。由于朝天椒生长期较长，可疏去前 3 层果实，以增加第四层以上及侧枝的留果数。一般朝天椒可留 100 个以上的果实。同时要加强采种田病虫害防治，确保种子的质量和产量。

如果种植的是杂种一代品种，千万不可再留种种植。

## 90  怎样科学采收朝天椒种子？一般单产多少？

朝天椒果实从开花到生理成熟一般需要 60 多天左右，采收时种果一定要变成深红色。采收朝天椒一般是待植株上的所有种果都成熟后（果实失水已变成干椒）整株拔出，然后经人工和机器取出种子，清除所有杂质后，将种子铺在草席上，放在通风阴凉处晾干，几天后即可装入纸袋，保存在干燥、通风、荫凉处。有条件的可进行低温、低湿保存，种子寿命和发芽率能保持得更好。一般667 平方米产种子 30～50 千克。

## 91  为什么要生产杂种一代？生产朝天椒杂种一代种子的主要途径有哪些？

研究表明，辣椒具有明显的杂种优势，优良的杂种一代可比常规品种增产 15％～40％，同时其抗病性、抗逆性和植株生长势均有不同程度的提高。因此，近年来朝天椒品种逐渐趋于杂种一代化。

目前生产杂种一代种子的途径主要有人工去雄授粉和利用雄性不育系这两种方法。由于朝天椒是常异花授粉作物且结果较多，利用雄性不育系生产杂种一代种子可省去人工去雄的繁重工作，只进行人工授粉即可，大大降低了制种成本，同时可以保证杂交纯度达到 100％。利用人工去雄授粉生产杂种一代种子，无论单生或簇生花量很小，生产中用工多，成本高，并且生产出的杂交一代种子必须进行田间纯度鉴定，合格后才可以销售。

## 92 杂交种制种时如何确定父本和母本比例，并进行花期调节？

一般父母本种植的比例是 1：4 或 1：5。父母本要分别种植。母本定植行距适当加大，以利于授粉操作，一般采用单株定植，每667 平方米定植 3 500 株左右。父本要适当密植。

花粉粒萌发伸长适温 25～27℃，空气干燥不利于结实，因此要根据当地的气候特点，通过调整播种期使植株开花盛期处于最适环境。制种时要充分了解父母本的特性，特别是熟性、开花期的早晚和开花量，要相应地调整父母本比例，保证父母本的花期相遇。花期的调节主要通过调节播种期进行，一般父本要比母本早播种15～20 天。早熟亲本可适当晚播，晚熟亲本可适当早播，具体亲本早播或晚播多少天，要根据亲本的具体熟性决定其播种日期。

# 十一、朝天椒病虫害及其防治

在辣椒的生产过程中，病虫害发生较为频繁，对辣椒产量、产品质量以及直接带来的经济效益等影响较大。如何科学地防治病虫害，已成为辣椒无公害生产的关键技术之一。无公害病虫害防治对提高辣椒产品质量，促进辣椒食品工业发展，保护生态环境，增进人民身体健康，都具有现实意义。

辣椒的主要病害有 20 多种，其中危害严重的有疫病、疮痂病、炭疽病、病毒病、立枯病、灰霉病、软腐病等，它们有三个共同的特点：一是发生频率高，发生范围广；二是发展迅速，应急防治难；三是易暴发成灾，危害大。辣椒常见的虫害主要有烟青虫、蚜虫、斜纹夜蛾、茶黄螨、小地老虎等。

## 93 病虫害防治的原则是什么？

"预防为主，综合防治"是无公害辣椒病虫害防治的基本原则。实践中要以整个菜田生态系统为中心，净化菜园环境，并围绕辣椒生长发育规律，摸索控害栽培条件下主要病虫发生及防治的特殊性，探讨以生态调控为基础的多层次预防措施和多种生态调控手段。在加强选择优质抗病品种、实行轮作、深耕烤土、施腐熟粪肥等农业防治措施的前提下，根据田间病虫发生动态和危害程度，以物理防治和生物防治为主，化学防治为辅。科学合理地选用高效、低毒、低残留及对天敌杀伤力小的化学农药，并合理控制农药的安全间隔期，结合辣椒生产过程中的各个环节进行有的放矢的综合防治。在此基础上所建立的无公害辣椒病虫害综合治理技术体系，既能经济有效地把病虫危害和损失控制在最低水平，又能使生产的辣椒不含或少含危害人体健康的有害物质，保证其食用安全性。

# 94  怎样防治辣椒猝倒病？

（1）**危害症状**：猝倒病是辣椒苗期较易发生的病害。染病初期，茎下部靠近地面处出现水渍状病斑，很快变为黄褐色，茎基部缢缩变细线状，幼苗倒伏。倒伏的幼苗短期内仍为绿色，湿度大时病株附近长出白色棉絮状菌丝。该病菌侵染果实可导致绵腐病。

（2）**发病规律**：猝倒病是由瓜果腐霉菌侵染引起的真菌性病害。病菌生长的适宜地温是16℃，温度高于30℃受到抑制。苗期出现低温、高湿时易发病。病菌可在土壤中或病残体上腐生存活多年，可通过流水、农具和带菌肥料传播。辣椒子叶期最易发病。苗床最易积水或棚顶滴水处常最先发病，三片真叶后发病较少。

（3）**防治措施**：①加强苗期温湿度管理。改善和改进育苗条件和方法，加强苗期温湿度管理。育苗应选择排水良好的地作苗床，施入的有机肥要充分腐熟。可采用营养钵育苗或基质育苗，防止猝倒病发生和蔓延。育苗期间创造良好的生长条件，增强幼苗的抵抗力。出苗后尽可能少浇水，在连阴天要揭去覆盖物，在保证温度的情况下，坚持适时通风透气。②床土消毒。最好选择无病的新土作为床土；旧土可用甲霜灵、代森锰锌、多菌灵等消毒；药剂消毒可在浇底水后喷灌到育苗畦或育苗钵中，或与细土掺匀撒在苗床上，也可播种后用药土覆盖。③药剂防治。苗床未发病前用多菌清、百菌清等药剂进行预防。发病初期可喷洒25％甲霜灵800倍液或72％普利克400倍液、64％杀毒矾500倍液、25％瑞毒铜1 200倍液等药剂，尽快清除病苗，甚至病株周围的病土，烧毁病株。

# 95　怎样防治辣椒立枯病？

**（1）发病规律：**辣椒立枯病是辣椒育苗前期引起死苗的主要病害。多在辣椒子叶期发生，受害幼苗基部产生暗褐色病斑，长形至椭圆形，明显凹陷，病斑横向扩展绕茎一周后病部出现缢缩，根部逐渐收缩干枯。开始病苗白天出现萎蔫，晚上至翌晨能恢复正常。随着病情的发展，萎蔫不能恢复正常，并继续失水，直至枯死。苗床湿度大，病害发展迅速，可使幼苗大量死亡。

**（2）农业措施：**①选用抗（耐）病优良品种。选用抗逆性强、抗（耐）病害、高产优质的优良品种，是无公害辣椒病虫害防治的重要措施。②清洁田园。辣椒收获后和种植前彻底清理田间遗留的病残体及杂草，集中烧毁或深埋，减少病菌及害虫基数，减轻病虫害传播蔓延。③合理轮作。菜田与禾本科作物实行 2～3 年轮作或与抗病性较强的葱蒜轮作，病虫害发生重的菜田实行水旱轮作或播种前深翻灌水 10～15 厘米，保持 15 天以上，可有效杀死土壤中的害虫和减少病菌。

**（3）培育无病壮苗：**①种子处理。用 55℃温水渍种 10～15 分钟，注意不停搅拌，当水温降到 30℃时停止搅拌，再浸种 4 小时，可预防真菌病害；用 10％磷酸三钠溶液常温下浸种 20 分钟，捞出后清水洗净，催芽，可预防病毒病；用 50％多菌灵可湿性粉剂 500 倍液浸种 2 小时，或用 50％多菌灵可湿性粉剂、50％福美双可湿性粉剂（用种量的 0.4％）拌种，或用 25％甲双灵可湿性粉剂（用种量的 0.3％）拌种，可预防真菌性病害。②适时播种，培育壮苗。控制苗床温湿度，白天温度不超过 30℃，夜间不低于 15℃，注意苗床通风降湿，及时分苗，发现病株，立即拔除，带出苗床深埋，并处理病穴。

**（4）田间管理：**①保护地内采用高畦栽培，并覆盖地膜，应用微滴灌或膜下暗灌技术。保护地设施采用无滴膜，加强棚室内温湿度调控，适时通风，适当控制浇水，避免阴雨天浇水，浇水后及时排湿，尽量防止叶面结露，以控制病害发生。②及时整枝、抹杈，及时摘除病叶、病花、病果，摘除下部失去功能的老叶，改善通风透光条件，拉秧后及时清除病残体，并注意农事操作卫生，防止染病。③设施内晴天上午适当晚放风，使棚室温度迅速提高，温度升到30℃时再开始放风，温度降到20℃时关闭通风口，延缓温度下降；夜间最低温度保持12～15℃，以防灰霉病发生。④合理密植，增施有机肥，配方施肥，科学灌水，中耕除草，促进植株健壮生长，增加植株抗病性。

**（5）药剂防治：**苗床未发病前应用多菌灵、百菌清等药剂进行预防。发病初期可喷洒25％甲霜灵800倍液、72％普利克400倍液、64％杀毒矾500倍液、25％瑞毒铜1 200倍液等药剂。尽快清除病苗、病株周围的病土，烧毁病株。

# 96 辣椒立枯病和猝倒病的区别是什么？

立枯病也是辣椒的一种主要苗期病害。立枯病与猝倒病的主要区别之一是立枯病不仅能在幼苗期产生危害，而且大苗也会发病。第二个区别是发病症状，立枯病发生后，病苗的茎基部变褐，若干天后病部缢缩，茎叶萎垂枯死；如果是稍大的苗发病，起初在白天出现萎蔫，夜间恢复，但当病斑绕茎一周时，秧苗即逐渐枯死，夜间也不能恢复，枯死的秧苗也不会呈猝倒状。此外，立枯病发生后，开始呈现椭圆形暗褐色斑，并具同心轮纹及淡褐色蛛丝状霉，这也是与猝倒病的一个重要区别。

# 97 怎样防治辣椒菌核病？

**（1）危害症状：**菌核病是近年来茄果类蔬菜栽培中的一种主要病害，而且危害比较严重。菌核病在辣椒整个生育期均可发生。苗期发病开始于茎基部，病部初呈浅褐色水渍状，湿度大时，长出白色棉絮状菌丝，呈软腐状，无臭味，干燥后呈灰白色，菌丝体结为菌核，病部缢缩，秧苗枯死。成株期各部位均可发病，先从主茎基部或侧枝 5～20 厘米处开始，初呈淡褐色水渍状病斑，稍凹陷，渐变灰白色，湿度大时也长出白色菌丝，皮层霉烂，在病茎表面及髓部形成黑色菌核，干燥后髓空，病部表皮易破；花蕾及花受害，现水渍状，最后脱落；果柄发病后导致果实脱落；果实发病，开始呈水渍状，后变褐腐，稍凹陷，病斑长出白色菌丝体，后形成菌核。

**(2) 发病规律：** 菌核病病原主要以菌核在田间或塑料棚中越冬，当环境温湿度适宜时，菌核萌发，抽出子囊盘即发出子囊孢子，随气流传到寄主上，由伤口及自然孔口侵入。这种发病植株再诱发其他植株发病。该病菌孢子萌发的适宜条件为 16～20℃，空气相对湿度 95％～100％。在温度低而湿度大时发病严重。

**(3) 防治措施：** ①注意土壤选择。应选择地势高燥、排水良好的田块进行育苗和定植；严格轮作；增施磷钾肥，实行深耕，阻止菌核病萌发。②清洁田园。及时剪除病枝、病叶拔除病株，以防病害继续恶化。③加强田间管理。包括通风透光、开沟排水、降低湿度等。④药剂防治。定植前可用 40％福星乳油 8 000 倍液喷雾；发病初期用 70％甲基托布津可湿性粉剂 800 倍液或 50％多菌灵可湿性粉剂 500 倍液、40％菌核净可湿性粉剂 1 500 倍液、65％甲霜灵可湿性粉剂 800 倍液、50％多菌灵可湿性粉剂 600 倍液、50％利可得可湿性粉剂 800～1 000 倍液、45％特可多悬浮剂 800 倍液、45％农利灵可湿性粉剂 1 000～1 200 倍液等药剂，每 5～7 天喷一次，连续 2～3 次。如果用菌核净，则需注意避免在高温下使用，喷后应注意加强通风。在发病初期，可将 70％甲基托布津可湿性粉剂或 50％多菌灵可湿性粉剂调成糊状，直接涂于患处（主要用于枝条发病），效果甚佳。大棚栽培可推广粉尘剂和烟剂，如 10％速可灵烟剂或 45％百菌清烟剂，每 667 平方米 250 克，隔 10 天一次，连熏 2～3 次；也可用 5％百菌清粉尘剂，每 667 平方米 1 000 克。

# 98 怎样防治辣椒早疫病？

**（1）危害症状：**早疫病在苗期和成株期均可发生，主要危害叶子、茎秆和果实。病菌侵染叶片后，起初呈针尖大小的黑点，不久即扩展成轮纹状病斑。在病斑边缘一般具有浅绿色或黄色晕环，病斑中部具同心轮纹。茎秆染病后一般在分权处产生褐色至深褐色不规则或椭圆形病斑，病斑上有灰黑色霉状物。叶柄发病时，也产生椭圆形轮纹斑，深褐色或黑色。果实上一般从花萼附近开始发病，起初为椭圆形或不定形褐色或黑色斑，明显凹陷；到了后期，果实开裂，病部变硬，并着生黑色霉层。苗床内常常可见叶片上有黑色的斑块（无固定形状），这是由于冷水滴或冷风吹入所致，只要温度适宜，2～3 天后即可恢复正常生长，这与早疫病是不同的。

**（2）发病规律：**早疫病是一种真菌性病害，在春辣椒上十分常见。种子可以带病，在一些未经充分腐熟的垃圾等有机物中也有病菌。病菌可以通过气孔、伤口直接侵入植株体内。秧苗僵老衰弱、秧苗拥挤、苗床湿润、通风透光不良等容易发生病害。定植过迟、土壤潮湿而黏重、透气不良等均会加速病害蔓延。

**（3）种子和苗床消毒：**种子用 55℃温水渍种 10～15 分钟，注意不停搅拌，当水温降到 30℃时停止搅拌，再浸种 4 小时，可预防真菌病害；用 10％磷酸三钠溶液常温下浸种 20 分钟，捞出后清水洗净，催芽，可预防病毒病；用 50％多菌灵可湿性粉剂 500 倍液浸种 2 小时，或用 50％多菌灵可湿性粉剂、50％福美双可湿性粉剂（用种子量的 0.4％）拌种，或用 25％甲双灵可湿性粉剂（用种子量的 0.3％）拌种，可预防真菌性病害。最好选择无病的新土作为床土。用旧土时，可用甲霜灵、代森锰锌、多菌灵等消毒。药剂消毒可在浇底水后喷灌到育苗畦或育苗钵中，或与细土掺匀撒在苗床上，播种后也可用药土覆盖。

**（4）控制苗床和大田内土壤和空气湿度**：在育苗及大棚栽培条件下，土壤和空气湿度一般较高，应注意开沟排水、通风透气，降低湿度。这是防止发病和控制病害蔓延的重要措施。

**（5）施用充分腐熟的有机肥**：无论是营养土堆制时使用的有机肥，还是苗期追肥、大田基肥中使用的有机肥，均须经过充分发酵腐烂。苗床内追施有机肥必须在晴天中午前后进行，并用清水喷淋，然后通风降湿，严禁秧苗叶片、茎秆上沾有粪肥。

**（6）加强苗期管理培育壮苗**：及时假植，加强通风透光和低温锻炼。在苗床内喷 1～2 次 0.15%～0.2% 波尔多液（等量试）；定植前喷 75% 百菌清可湿性粉剂 600～800 倍液，做到带药下田。

**（7）加强田间管理**：采用地膜覆盖栽培，及时整枝搭架，改善通风透光条件。定植缓苗后，每 10～15 天用 0.2%～0.4% 等量式波尔多液喷雾，浓度由低到高。生长中后期，注意摘除植株基部的叶片。

**（8）药剂防治**：采取上述措施后，苗床内一般可以控制早疫病发生或蔓延。定植大田后，一旦开始发病，除了加强上述有关田间管理外，还应用药剂防治。常用的药剂有：50% 扑海因可湿性粉剂 1 000～1 500 倍液，75% 百菌清可湿性粉剂 600 倍液，64% 杀毒矾可湿性粉剂 500 倍液，58% 甲霜灵·锰锌可湿性粉剂 500 倍液。大棚或温室内栽培还可用 45% 百菌清烟剂或 10% 速克灵烟剂，于傍晚使用，每 667 平方米每次用药 200～250 克。上述药剂应交替使用（并与波尔多液交替使用），如果能在发病前或发病初期使用，则效果更好。

# 99　怎样防治辣椒灰霉病？

灰霉病是育苗后期引起烂叶、烂茎、死苗的病害。在育苗后期（5～6 叶期），幼苗拥挤，温暖潮湿，易引起幼苗叶片、茎尖腐拦，甚至全株死亡，病部灰褐色，表面密长灰霉。在假植苗床内，如遇持续阴雨、通风不良时，能引起主茎中部腐烂而被折断。

**(1) 农业措施**：选用抗逆性强、抗（耐）病、高产优质的优良品种，是无公害辣椒病虫害防治的重要措施。辣椒收获后和种植前彻底清理田间遗留的病残体及杂草，集中烧毁或深埋，减少病菌及害虫基数，减轻病虫害传播蔓延。菜田与禾本科作物实行 2～3 年轮作或与抗病性较强的葱蒜轮作。病虫害发生重的菜田实行水旱轮作或播种前深翻灌水 10～15 厘米，保持 15 天以上，可有效杀死土壤中的害虫和减少病菌。

**(2) 培育无病壮苗**：用 55℃温水渍种 10～15 分钟，注意要不停搅拌，当水温降到 30℃时停止搅拌，再浸种 4 小时，可预防真菌病害，用 10%磷酸三钠溶液常温下浸种 20 分钟，捞出后清水洗净，浸种催芽，可预防病毒病；用 50%多菌灵可湿性粉剂 500 倍液浸种 2 小时，或用 50%多菌灵可湿性粉剂、50%福美双可湿性粉剂（用种子量的 0.4%）拌种，也可用 25%甲双灵可湿性粉剂（用种子量的 0.3%）拌种，预防真菌性病害。适时播种，培育壮苗，控制苗床温湿度，白天温度不超过 30℃，夜间不低于 15℃，注意苗床通风降湿，及时分苗，发现病株立即拔除，带出苗床深埋，并处理病穴。

**(3) 田间管理**：保护地内采用高畦栽培，并覆盖地膜，应用微滴灌或膜下暗灌技术。保护地设施采用无滴膜，加强棚室内温湿度调控，适时通风，适当控制浇水，避免阴雨天浇水，浇水后及时排湿，尽量防止叶面结露，以控制病害发生。及时整枝、抹杈，及时摘除病叶、病花、病果，摘除下部失去功能的老叶，改善通风透光条件，拉秧后及时清除病残体，并注意农事操作卫生，防止染病。设施内晴天上午适当晚放风，使棚室温度迅速提高，温度升到 30℃时再开始放风，温度降到 20℃时关闭通风口，延缓温度下降；夜间最低温度保持在 12～15℃，以防灰霉病发生。合理密植，增施有机肥，配方施肥，科学灌水，中耕除草，促进植株健壮生长，增加植株抗病性。

**（4）药剂防治：** 发病初期可喷洒或浇灌普利克、瑞毒铜、多菌灵、利克菌、甲基硫菌灵等药剂（方法可参考猝倒病的防治）。

# *100* 怎样防治辣椒枯萎病？

**（1）危害症状：** 危害辣椒的枯萎病是辣椒镰孢霉。枯萎病是一种维管束病害，一般从花果期表现症状至枯死历时15～30天。发病初期，病茎下部皮层呈水渍状，变褐色，叶片自下而上逐渐变黄，一般不易脱落。有时发病枝叶仅在植株一侧，另一侧正常。在病茎部纵剖可见维管束变褐色。病部在高湿时产生粉红色霉状物或产生白色、蓝绿色霉状物。

**（2）发病规律：** 枯萎病病原菌可以在土壤中越冬，也可以附着在种子上越冬。病菌从茎基部或根部伤口、自然裂口、根毛侵入，进入维管束，并在维管束内繁殖，堵塞维管束的导管（水分输送通道），同时产生毒素，使叶片枯萎。病菌生长适宜温度为24～28℃，地温15℃以上开始发病，升至28℃时，遇到高湿天气，病害容易流行。连作地、排水不良、使用未腐熟有机肥、偏施氮肥的地块发病重。

**（3）防治措施：** ①避免连作。可与非茄果类、瓜类、豆类等作物轮作3～4年；采用深沟高畦、地膜覆盖栽培；下雨前停止浇水，雨后及时排干积水；及时拔除病株。②种子与苗床消毒。种子用50％多菌灵可湿性粉剂500倍浸种1小时，洗净后催芽或晾干后播种。苗床可用50％多菌灵可湿性粉剂每平方米用药10克，拌细土撒施。育苗用的营养土在堆制时用100倍福尔马林喷淋，并密封堆放，营养土使用前可用97％的恶霉灵3 000～4 000倍喷淋。③药剂防治。发病前即用药，至少在有中心病株后应立即用药。防治枯萎病应采用浇根法，每7～10天浇一次，连续3～4次，每次每株用药0.3～0.4千克。常用药剂有：50％多菌灵可湿性粉剂800倍液＋15％三唑酮（粉锈宁）可湿性粉剂 1 500 倍液、50％琥胶肥铜（DT）可湿性粉剂 400 倍液、40％抗枯宁（抗枯灵）800～1 000 倍液、47％加瑞农可湿性粉剂 600～800 倍液、97％噁霉灵 4 000～5 000倍液。

# *101* 怎样防治辣椒软腐病？

辣椒软腐病主要发生在果实上，从虫害或其他伤口处侵入，最初果实呈水渍状暗绿色，不久全部腐烂发臭，病果到后期脱落或留挂在枝上，干枯呈白色。重茬连作、管理粗放、虫害严重、地势低洼、过度密植、偏施氮肥等都有利于该病的发生。

**（1）农业措施：**选用抗逆性强、抗（耐）病、高产优质的优良辣椒品种，是无公害辣椒病虫害防治的重要措施。辣椒收获后和种植前彻底清理田间遗留的病残体及杂草，集中烧毁或深埋，减少病菌及害虫基数，减轻病虫害的传播蔓延。菜田与禾本科作物实行2～3 年轮作或与抗病性较强的葱蒜轮作。病虫害发生重的菜田实行水旱轮作或播种前深翻灌水 10～15 厘米，保持 15 天以上，可有效杀死土壤中的害虫和减少病菌。

**（2）培育无病壮苗：**用 55℃温水渍种 10～15 分钟，注意要不停搅拌，当水温降到 30℃时停止搅拌，再浸种 4 小时，可预防真菌病害；用 10％磷酸三钠溶液常温下浸种 20 分钟，捞出后清水洗净，浸种催芽，可预防病毒病；用 50％多菌灵可湿性粉剂 500 倍液浸种 2 小时，也可用 50％多菌灵可湿性粉剂或 50％福美双可湿性粉剂（用种子量的 0.4％）拌种，或 25％甲双灵可湿性粉剂（用种子量的 0.3％）拌种，预防真菌性病害。适时播种，培育壮苗，控制苗床温湿度，白天温度不超过 30℃，夜间不低于 15℃，注意苗床通风降湿，及时分苗，发现病株，立即拔除，带出苗床深埋，并处理病穴。

**（3）田间管理：**保护地内采用高畦栽培，并覆盖地膜，应用微滴灌或膜下暗灌技术。保护地设施采用无滴膜，加强棚室内温湿度调控，适时通风，适当控制浇水，避免阴雨天浇水，浇水后及时排湿，尽量防止叶面结露，以控制病害发生。及时整枝、抹杈，及时摘除病叶、病花、病果，摘除下部失去功能的老叶，改善通风透光条件，拉秧后及时清除病残体，并注意农事操作卫生，防止染病。设施内晴天上午适当晚放风，使棚室温度迅速提高，温度升到30℃时开始放风，当温度降到20℃时关闭通风口，延缓温度下降，夜间最低温度保持在12～15℃，以防灰霉病发生。合理密植，增施有机肥，配方施肥，科学灌水，中耕除草，促进植株健壮生长，增加植株抗病性。

**（4）药剂防治**：发病初期可喷洒或浇灌普利克、瑞毒铜、多菌灵、利克菌、甲基硫菌灵等药剂（方法可参考猝倒病防治相关内容）。

# *102* 怎样防治辣椒病毒病？

辣椒病毒病主要是由烟草花叶病毒（TMV）和黄瓜花叶病毒（CMV）引起的传染病，主要危害叶片和枝条。5月中、下旬开始发生，6～7月盛发，症状有花叶型、丛簇型和条斑型三种，其中以花叶病毒病发生最为普遍。

**（1）危害症状**：① 花叶型。轻度花叶开始表现为明脉和轻微褪色，继而出现浓绿或淡绿相同的斑驳、皱缩花叶，严重时顶叶变小，叶脉变色，扭曲畸形，植株矮小。② 丛簇型。心叶叶脉褪绿，病叶加厚，产生黄绿相间的斑驳或大型黄褐色坏死斑，叶子边向上卷曲，幼叶狭窄或呈线状，植株上部明显矮化呈丛簇状。③ 条斑型。叶片主脉呈褐色或黑色坏死，沿叶柄扩展到侧枝、主茎及生长点，出现系统坏死条斑，造成落叶、落花、落果，严重时整株枯死。高温干旱、蚜虫发生严重、缺水、缺肥、涝灾等都有利于该病的发生。

**（2）发病规律：** 病毒可在其他寄主作物或病残体及种子上越冬。第二年病毒主要通过蚜虫和农事操作传播，侵入辣椒。在田间作业中如整枝、摘叶、摘果等人为造成的汁液接触都可传播，病毒经过茎、枝、叶的表层伤口侵染。在气温 20℃ 以上、高温干旱、蚜虫多、重茬地、定植偏晚等情况下发病重。施用过量氮肥、植株组织柔嫩，较易感病。凡在有利于蚜虫生长繁殖的条件下病毒病较重。

**（3）加强栽培管理：** ①种子用 10％磷酸三钠或 9％高锰酸钾溶液浸种 30 分钟，再用清水洗净后播种。②塑料大棚栽培有利于早栽早熟，病毒病盛发期辣椒已花果满枝，可避免危害。③高温干旱时利用遮阳网、防虫网、化纤网等设施育苗栽培，减少蚜虫及高温危害。④可与高秆作物套种，如每厢辣椒可套种一行玉米，利用玉米阻挡蚜虫迁入传毒。⑤苗期施用"丰农"牌艾格里微生物肥，增强光合作用和抗病能力。⑥农事操作中要注意防止人为传毒，在进行整枝、打杈、摘果等操作中，手和工具要用肥皂水冲洗，以防伤口感染。

**（4）防治蚜虫：** 发病前抓好早期治蚜工作，以防蚜虫传播病毒。防治蚜虫的药剂有：50％抗蚜威（辟蚜雾）可湿性粉剂 2 500 倍液，10％吡虫啉可湿性粉剂 5 000 倍液，20％灭蚜松可湿性粉剂 1 000 倍液，40％克蚜星乳剂 800 倍液，20％氯戊菊醋乳油 3 000 倍液。另外，人工铺挂银灰色膜避蚜或利用蚜虫有趋黄色习性进行黄色诱板诱杀，也能起到灭蚜防病效果。

**（5）药剂防治：** 分苗定植前喷 0.1％～0.3％硫酸锌溶液预防。在发病初期可选用下列药剂：20％病毒 A 可湿性粉剂 500 倍液、病毒净或病毒灵 500 倍液、1.5％植病灵乳剂 1 000 倍液、NS‑83 增抗剂 100 倍液、抗毒剂 1 号 400 倍液、0.5％抗毒丰水剂 300 倍液、20％病毒速杀可湿性粉剂 500 倍液，每隔 10 天喷施一次，连续喷施 3～4 次。

## *103*　怎样防治辣椒茎基腐病？

**(1) 危害症状**：此病在辣椒中仅危害茎基部，一般在结果期发病。茎基部皮层初发病时，外部无明显病变，茎基部以上呈全株性萎蔫状，叶色变淡；后茎基部皮层逐渐变淡褐色至黑褐色，绕茎基部一圈，病部失水变干缩，因茎基部木质化程度高，缢缩不很明显。纵剖病茎基部，木质部变暗，维管束不变色；横切病茎基部，经保湿后无乳白色黏液溢出；皮层不易剥离；根部及根系不腐烂；后期叶片变黄褐色枯死，多残留枝上，不脱落。该病发病进程较慢，约 10～15 天全株枯死。

**(2) 发病规律**：该病菌以菌丝或菌核在土壤中越冬。翌年初侵染由越冬菌丝直接侵入寄主气孔或表皮危害，再侵染由病部产生的菌丝借助水流、农具传播蔓延。病菌发育最高温度 40～42℃，最低 13～15℃，适宜 pH 3.0～9.5，强酸条件下发育良好。在多阴雨天气、地面过湿、通风透光不良、茎基部皮层受伤等条件下容易发病。

**(3) 防治措施**：①采用高畦栽培，不宜沟灌；及时排水和清除病株。②培育壮苗。种子和营养土严格消毒；出苗后喷施 0.1％磷酸二氢钾或植宝素 8 000 倍液；苗期发病用 75％百菌清可湿性粉剂 600 倍液或 50％福美双可湿性粉剂 500 倍液喷雾。③发病初期及时用药，可选用 40％拌种双可湿性粉剂，每平方米表土用药 8～10 克与干细土拌匀后施于病株茎基部，覆盖病部；也可用 75％百菌清可湿性粉剂 600 倍液或 40％拌种双粉剂 800 倍悬浮液喷雾，或 50％福美双可湿性粉液 200 倍液涂抹发病茎基部。

## *104*　怎样防治辣椒根腐病？

**(1) 危害症状**：根腐病主要发病部位仅局限于辣椒根茎及根

部，该病一般在成株期发生。初发病时，枝叶萎蔫，渐呈青枯，白天萎蔫，早、晚恢复正常，反复多日后枯死，但叶片不脱落。根茎部及根部皮层呈水渍状、褐腐，维管束虽变褐，但不向茎上部延伸。根很容易拔起，仅剩少数粗根。

**（2）发病规律：**病菌以厚垣孢子、菌丝体或菌核随病残体在土壤中越冬。翌年初侵染由越冬病菌借助雨水等传播，从根茎部、根部伤口侵入。再侵染由病部产生的分生孢子借助雨水传播蔓延。在高温高湿气候条件下容易发生，尤其连续降雨数日后病害症状明显增多。连作地、排水不良地块发病严重。

**（3）防治措施：**①农业防治。与十字花科或葱蒜类等蔬菜轮作3年以上；采用深沟高畦栽培；施用充分腐熟的有机肥；及时清沟排水、清除病残体。种子及苗床消毒。种子用50％多菌灵可湿性粉剂500倍液浸种1小时，洗净后催芽或晾干后播种。苗床可用50％多菌灵可湿性粉剂每平方米10克，拌细土撒施。育苗用的营养土在堆制时用100倍的福尔马林，并密封堆放，营养土使用前可用97％的恶霉灵3 000～4 000倍液喷淋。②药剂防治。在发病前即用药，至少应在有中心病株后用药。防治根腐病应采用浇根法，每7～10天浇一次，连续3～4次，每次每株用药0.3～0.4千克。常用药剂有：50％多菌灵可湿性粉剂800倍液＋15％三唑酮（粉锈宁）可湿性粉剂1500倍液、50％琥胶肥酸酮（DT）可湿性粉剂400倍液、40％抗枯宁（抗枯灵）800～1 000倍液、47％加瑞农可湿性粉剂600～800倍液、97％噁霉灵4 000～5 000倍液。

## *105* 怎样防治辣椒疫病？

辣椒疫病是辣椒生产的主要病害，其发病周期短、流行速度快，从出现中心病株到全田发病仅7～10天，易造成毁灭性打击。单一的化学防治难以取得良好的防治效果，同时也不易生产出合乎大众需求的无公害辣椒产品。

**（1）危害症状**：辣椒苗期、成株期均可受疫病危害，茎、叶和果实都能发病。疫病在椒田中有明显的发病中心，发病中心多形成在低洼积水和土壤黏重地带。发病初期病部呈水渍状软腐，植株表现为白天叶片萎蔫，夜间恢复。幼苗期受害，茎基部变褐软腐并缢缩，最后倒伏。成株期发病先在辣椒的分权处出现暗绿色病斑，并向上下或绕茎一周迅速扩展，变成暗绿色至黑褐色，若一侧发病，则发病一侧枝叶萎蔫，若病斑绕茎基一周发病，则全株叶片自下而上萎蔫脱落，最后病斑以上枝条枯死。成株叶片染病，病斑圆形或近圆形，直径2～3厘米，边缘黄绿色，中央暗褐色；果实染病始于蒂部，初生暗绿色水渍状斑，迅速变褐软腐，湿度大时，受害处均可长出白色霉层，干燥后形成暗褐色僵果残留在枝上。秋冬辣椒以幼苗和成株挂果后发病最为严重。大棚栽培的辣椒在初夏发病多，首先危害茎基部，症状表现在茎的各部，其中以分权处变为黑褐色或黑色最常见，如被害茎木质化前染病，病部明显缢缩，造成地上部折倒，且主要危害成株，植株急速凋萎枯死，成为辣椒生产上的毁灭性病害。

**（2）发病规律**：辣椒疫病是鞭毛菌亚门疫霉属病原真菌所引起的土传病害。病菌主要以卵孢子及厚垣孢子在病残体上或土壤及种子上越冬，第二年侵入寄主，其中以土壤残体带菌率最高，卵孢子是初次侵染的主要来源。越冬后气温升高，卵孢子随降雨的水滴、灌溉水、带病菌土侵入辣椒幼根或根茎部，并在寄主上产生孢子，孢子借风雨传播，进行再侵染，致使病害流行。平均气温22～28℃，田间湿度高于85％时发病率高，病情发展快。重茬连作、低洼积水、土壤黏重、排灌不畅的田块发病加重。降雨次数多、降雨量大、大雨过后天气突然转晴、气温急剧上升或炎热天气，灌水会引起疫病迅速蔓延。一般情况下，一株植株从发病到枯死仅3～5天，果实从产生病斑到腐烂仅2～3天。

**（3）选用优良抗病品种**：可选用产量高、市场需求量大的中蔬牌中椒系列和京研牌系列辣椒品种等，可有效减少农药的使用次数。

**（4）严格实行轮作倒茬：** 避免与瓜、茄果类蔬菜连作，最好能与叶菜和葱蒜类、十字花科蔬菜、玉米、根菜类作物轮作 3 年以上，以减少土壤传播病菌。

**（5）深耕晒白，清洁田园：** 前作收获后及时清除田间残枝败叶及周围杂草，集中烧毁或深埋。进行深耕晒垡，既可疏松土壤，又可减少病源。提倡垄作或选择坡地种植。

**（6）种子处理：** 种子先用清水预浸 10 小时，再用 1％硫酸铜溶液浸种 5～10 分钟或 1％福尔马林液浸种 30 分钟，也可用 20％甲基立枯磷乳油 1 000 倍液浸种 12 小时，药液以浸没种子 5～10 厘米为宜，捞出水洗后催芽播种。

**（7）苗床土消毒：** 苗床取 3 年未种过茄科作物的肥沃园田土与优质腐熟农家肥按 3∶1 配制成营养土，每平方米苗床用 50％多菌灵可湿性粉剂或 25％瑞毒霉可湿性粉剂、75％百菌清可湿性粉剂 10 克，与细土混匀，2/3 掺入营养土，1/3 用于掺入覆土，播后盖种，或播种后浇水时用 800 倍敌克松液浇透畦面，可使苗期防病达到良好效果。

**（8）培育无病壮苗：** 采用小拱棚或大棚育苗，苗床期在保持温度的前提下，控制湿度是关键。棚内温度白天保持在 20～25℃，夜间 15～20℃，相对湿度白天不高于 70％，夜晚不高于 80％，湿度大时要适当通风排湿，防止幼苗徒长。苗床若发现病株应及时拔除，确保培育出无病壮苗。

**（9）合理密植，加强肥水管理：** 大田定植采用地膜覆盖高垄栽培，厢面宽 180 厘米，栽 5 行，行株距 40 厘米×50 厘米，每 667 平方米栽苗 3 300 株左右。厢高 20～25 厘米，可避免根系部位积水而引发疫病。起垄时施足底肥，底肥以腐熟农家肥为主，混入适量化肥，一般每 667 平方米施农家肥 2 000～3 000 千克，尿素 8 千克，普钙 40 千克，硫酸钾 8 千克。栽后用多菌灵或敌克松 800 倍液作定根水浇灌。还可叶面喷施 0.2％～0.3％磷酸二氢钾、壮丰优、植物动力 2003、绿邦 98、高美施等叶面肥增强植株的抗病能力。定植 5～7 天后浇缓苗水一次，开花至幼果期再浇一次，结合幼果期浇水，每 667 平方米追施尿素 7 千克，硫酸钾 4 千克。若长势不好，盛果期再追肥一次，追肥后浇水。水是疫病传播的动力，浇水以不接触根部最佳，切忌水漫垄面和白天浇水。进入高温雨季，尤其要注意暴雨后及时排除积水，控制浇水，严防田间或棚内湿度过高。

**（10）安全合理使用农药：** 化学防治是控制辣椒疫病流行的重要手段，是生产无公害辣椒的关键环节，应用得正确与否，直接关系到供给市场的辣椒是否合乎无公害标准。生产无公害辣椒不是不用化学防治方法，而是必须做到安全合理用药，把用药量尽量压低到最低限度，保证产品中农药残留量合乎国家或国际标准，遵守无公害蔬菜技术操作规程，选用无公害农药进行防治，保证消费者食用安全。

在使用化学防治时，要根据植保部门提供的病情发生情况，结合田间病情调查，适时选择低毒、低残留、高效农药，合理搭配、交替使用，并严格执行安全间隔期。辣椒疫病的防治应本着"上喷下灌"的原则，用药强调保护作用，控制中心病区，防止疫病流行。①种子处理。用 10％福尔马林液浸种 30 分钟，药液以浸过种子 5～10 厘米为宜，捞出种子进行漂洗、催芽、播种。②苗床处理。用绿享一号 3 000～4 000 倍液在播种前苗床淋施，移栽前重复用药一次，每平方米用 1 克绿享一号。栽植后喷雾和灌根。③零星发病期采取控制与封锁相结合的施药技术，重点控制初侵染，可及时拔除少数萎蔫株，并用石灰处理土壤，也可用 58％甲霜灵·锰锌可湿性粉剂 500 倍液或 40％乙磷铝可湿性粉剂 500 倍液、25％甲霜灵 500 倍液、72.2％普力克水液 600 倍液、50％甲霜铜可湿性粉剂 800 倍液、69％安克锰锌可湿性粉剂喷洒发病中心的植株下部或灌根及其周围地表，形成药膜，阻止和杀死随苗出土的病菌。用药后 7 天用达克宁（75％百菌清）600 倍液全田喷雾，保护未发病植株,巩固内吸剂的防治效果。保护剂和内吸剂交叉使用,可提高药效。④病害发生期主要控制再侵染,在浇水前或雨后隔天用50%瑞毒铜 1 000 倍液或绿乳铜 800～1 000 倍液均匀喷雾叶面,也可用 37.5%百菌王或 34%万霉灵可湿性粉剂 600～900 倍液喷雾,或用 70%甲基托布津+58%甲霜灵锰锌、64%杀毒矾可湿性粉剂喷施,特别注意喷施茎基部,隔 7～10 天喷一次。

## *106* 如何区别辣椒疫病、根腐病和茎基腐病?

这三种病有许多相似处,特别是病害一般首先发生于植株的基部,植株出现萎蔫症状又与青枯病、枯萎病相似,有时确实难以区别,从而影响对病害的防治。实际上,这三种病各有其特殊性,牢记以下特点,即可正确区分。

**(1) 根腐病**:在成株期发生,发病部位仅局限于根茎及根部;枝叶萎蔫,但叶片不脱落;根茎部及根部皮层呈水渍状、褐腐,植株很容易拔起,仅剩少数粗根;维管束变褐色,但不向茎上部延伸(这与青枯病、枯萎病不同)。

**(2) 茎基腐病**:仅危害茎基部,结果期发病;茎基部皮层发病初期,外部无明显病变,茎基部以上叶片呈全株性萎蔫状,叶色变淡;后茎基部皮层逐渐变淡褐色至黑褐色,绕茎基部一圈,病部失水变干缩;纵剖病茎基部,木质部(茎中心)变暗,维管束(茎外围)不变色;横切病茎基部经保湿后无乳白色黏液溢出;皮层不易剥离;根部及根系不腐烂。

**(3) 疫病**:在苗期、成株期均可发生。成株期发病,以根、茎受害较多;根部受害呈褐色长斑,病斑长 3～5 厘米;病健交界明显,病斑凹陷或稍缢缩,后引起整株枯萎死亡。茎多在近地面及分权处发病,初呈暗绿色水渍状病斑,后病部缢缩渐变为黑褐色,并引起病部以上茎叶枯萎死亡。果实、叶片也可以发病,叶片发病初为暗绿色水渍状近圆形病斑,后扩展成不规则的黑斑,叶片软腐易脱落（即所谓的"落叶瘟"）；果实发病，病斑初为水渍状暗绿色，后灰白色软腐，有时有深褐色同心轮纹，病果可干缩而不脱落，潮湿天气病果上可产生稀疏白色霉层。

## *107* 怎样防治绵疫病？

**（1）危害症状：**绵疫病在辣椒上主要危害果实，有时茎、叶也可发病。此病在果实发育的整个时期均可发生，但以侵染老熟果实居多。果实被害部位常在蒂部有花瓣粘连处，也有在果实中部、端部。一般近地面处果实先发病。发病初期，病果形成水渍状病斑，病斑不断扩大形成凹陷的黄褐至暗褐色大斑，最后延及整个果实而腐烂。湿度高时，病果上会形成茂密的白色菌丝体，叶片受害时形成不整齐的近圆形水渍状斑点；湿度大时病斑发展很快，边缘不清晰，其上有明显的轮纹，茎秆受侵后则使幼嫩的茎秆变褐腐烂，直至茎缢缩凋萎枯死，潮湿时病部产生白霉。

**（2）发病规律：**该病的病原菌为卵菌中的一种疫霉，病菌在土内的病残组织中越冬，次年卵孢子囊、孢子囊或其生产的游动孢子随风雨和流水传播。病原菌发育温度范围为 $8\sim38℃$，以 $28\sim30℃$ 为最适；空气相对湿度在 95％ 以上时菌丝发育良好，85％ 左右时孢子囊形成良好。地势低洼、排水不畅、植株过密均易发病。遇高温多雨季节，保护地内闷热高温，病害发生严重。

**（3）防治措施：**①实行轮作，周期 $3\sim4$ 年。②选育抗病品种。③选择地势高、排水顺畅的地块种植，合理密植，适当整枝，及时打去老叶，以增加田间通风透光。采用地膜覆盖，减少卵孢子飞溅到果实上的机会。④药剂防治。发病初期可采用 58％ 甲霜灵锰锌可湿性粉剂 500 倍液或 64％ 杀毒矾可湿性粉剂 500 倍液、77％ 可杀得可湿性粉剂 500 倍液、60％ 琥·乙磷铝（DTM）可湿性粉剂 500 倍液、50％ 甲霜铜可湿性粉剂 600 倍液等喷雾，每 7 天防治一次，连续 3 次。

## *108*　怎样防治辣椒疮痂病?

辣椒疮痂病又名细菌性斑点病，属于细菌性病害，从苗期至成株期都可发病，造成大量落叶、落花、落果，甚至全株毁灭，对辣椒产量和品质影响很大。

**（1）危害症状**：叶上发病初呈水渍状黄绿色小斑点，后为不规则形，边缘隆起处暗褐色，中间凹陷处淡褐色，表面粗糙，形成疮痂状小黑点，叶缘、叶尖变黄，干枯脱落。幼苗发病后叶片产生银白色水渍状小斑点，后变为暗色凹陷的病斑，可引起全株落叶。成株期叶片染病之初稍隆起的小斑点呈圆形或不规则形，边缘暗褐色，稍隆起，中央颜色较淡，略凹陷，病斑表面粗糙，常有几个病斑连在一起形成大病斑。如果病斑沿叶脉发生，常造成叶片畸形。茎部受害，首先出现水渍状不规则条斑，扩展后互相连接，暗褐色，为木栓化隆起，呈纵裂疮痂状。果上病斑初起小黑点，后变为直径1~3毫米稍隆起的圆形或长圆形黑色的疮痂状病斑，病斑边缘有裂口。潮湿时疮痂中间有菌液溢出。

**（2）发病规律**：辣椒疮痂病是一种细菌性病害。病菌依附在种子表面越冬，成为初次侵染的来源，也可以随病残体在田间越冬。病菌在土壤中可存活一年以上。病菌随病残体在土壤中或附着在种子上越冬，第二年条件适宜时靠雨水、灌溉水、风、昆虫及农事操作等传到植株上，从气孔、伤口侵入危害。病菌靠带病种子远距离传播。高温高湿是病害发生的主要条件。病菌发育的适宜温度为27~30℃。相对湿度大于80%，尤其是暴风雨更有利于病菌的传播与侵染，雨后天晴极易流行。种植过密、生长不良、容易感病。风雨后遇上几天高温天气，利于病害迅速发展流行。长江中下游地区一般在6~7月，北方多在7~8月，病害发生较重。田间管理不当、偏施氮肥、植株前期生长过旺、地块积水、排水不畅等，容易诱发此病。

**(3) 防治措施：**① 选用抗病品种，避免连作。重病田块应与非茄科蔬菜实行 2～3 年的轮作，并注意配合深耕清除植株病株体。② 种子消毒。辣椒种子可携带疮痂病的病原菌。播种前对种子进行消毒处理，是防治病害简便易行的方法之一。一般可采用种衣剂处理或温水渍种，先将种子放入 55℃温水中浸种 10 分钟，捞起再用 1%硫酸铜溶液浸泡 5 分钟；也可用 500 万单位农用链霉素 500 倍液浸种 30 分钟，或用 0.1%高锰酸钾溶液浸种 15 分钟，洗净后催芽播种。③ 加强田间管理。加强育苗期管理，培育健壮椒苗，实行合理密植，定植后注意松土，追施磷、钾肥料，促根系发育。改善田间通风条件，雨后及时排水，降低湿度。及时清洁田园，清除枯枝落叶，收获后病残体集中烧毁。④ 药剂防治。发病初期及时喷洒高效低毒低残留农药，常用的药剂有 60%琥乙磷铝（DTM）可湿性粉剂 500 倍液、新植霉素 4 000～5 000 倍液、72%农用链霉素 4 000 倍液、14%络氨铜水剂 300 倍液、77%可杀得可湿性粉剂 500 倍液、53.8%可杀得干悬浮剂 1 000 倍液，1∶1∶200 波尔多液、60%百菌通可湿性粉剂 500 倍液、65%代森锌可湿性粉剂 500 倍液等，每 7～10 天喷一次，连续防治 2～3 次，可获得理想的防治效果。

# *109* 怎样防治辣椒炭疽病？

**(1) 危害症状：**辣椒炭疽病属于真菌性病害，危害叶片和果实。叶片受害后产生水渍状圆形病斑，边缘褐色，中央灰白色，上面轮生小黑点，病叶易脱落。此病的典型症状是果实上发生中心凹陷的近圆形病斑，病斑上产生轮状排列的小黑点。果实发病初期出现水渍状黄褐色病斑，扩大呈长圆形或不规则形病斑，中心凹陷，边缘红褐色，中间灰褐色，病斑上有稍隆起的同心轮纹，其上轮生小黑点。潮湿时分泌出红色黏稠物质，干燥后病斑干缩呈膜状破裂。

**（2）发病规律：** 病菌可随病残体在土壤中越冬或附着在种子上越冬。第二年病菌多从寄主的伤口侵入，田间发病后，病斑上产生大量分生孢子，借助风雨、昆虫传播进行重复侵染而加重危害。此病菌发育温度为 12～33℃，最适温度为 27℃，相对湿度 95% 左右，高温高湿有利于该病的发生流行。田间排水不良、种植过密、氮肥过量、通风不好造成田间湿度大或果实受到损伤等都易诱发此病。

**（3）防治措施：** ① 选用无病种子和种子消毒。从无病田或无病株上采集种子。如果是外购种子，应进行种子消毒处理。用 55℃ 温水渍种 20 分钟或用 50% 多菌灵可湿性粉剂 500 倍液浸种 1 小时，也可用 50% 多菌灵加 50% 福美双可湿性粉剂按种子重量 0.3% 的药量拌种后播种。② 实行三年以上轮作。发病严重的田块可进行水旱轮作或与瓜类、豆类蔬菜轮作。③ 加强田间管理。采用营养钵培育壮苗，适时定植，合理密植，高畦地膜覆盖栽培。雨后及时清沟排水，降低田间湿度，并预防果实日灼；推广配方施肥，适当增施磷、钾肥，增强植株抗性。及时打掉下部老叶，使田间通风透气，采收后应及时清除田园病残体，集中烧毁或深埋，减少病菌来源。④ 药剂防治。发病初期，田间发现病株可及时选用下列药剂：50% 多菌灵可湿性粉剂 600 倍液、70% 甲基托布津可湿性粉剂 800 倍液、80% 炭疽福美可湿性粉剂 800 倍液、50% 苯菌灵可湿性粉剂 1 000～1 500 倍液、80% 新万生可湿性粉剂 800～1 000 倍液、75% 百菌清可湿性粉剂 600 倍液、65% 代森锌可湿性粉剂 500 倍液等进行喷施。视田间病情每隔 7～10 天喷施一次，连续喷施 2～3 次。

# *110* 怎样防治辣椒白粉病？

**（1）危害症状：** 主要危害叶片。发病初期叶片背面出现白色小粉点，然后逐渐扩展，病斑呈圆形白粉状，严重时白粉连片，整个叶呈白粉状，叶片逐渐变黄、发脆并逐渐枯萎脱落。

**(2) 发病规律：**白粉病为真菌性病害。病菌孢子在 15～30℃内均可萌发和侵染。在 20～25℃，湿度 25％～85％易流行。主要靠风、雨传播。病害发生对湿度要求较低，湿度在 25％～40％就可侵染发病。高温高湿和高温干旱交替出现时病害最易发生和蔓延。

**(3) 防治措施：**① 选用抗病品种。② 加强栽培管理。在设施栽培中要加强通风、透光，管理上避开适宜发病的温、湿度，防止过于干旱和过湿。加强肥水管理，防止植株徒长或早衰，增强植株抗病性。③ 药剂防治。在苗期和发病初期可用 2％农抗 120 水剂200 倍液或 2％武夷菌素 200 倍液等进行防治。发病时可喷施 15％粉锈宁 1 000～1 500 倍液或 30％特富灵粉 1 500 倍液、40％的多硫悬浮剂 500 倍液、50％的硫黄悬浮剂 300 倍液、20％的敌菌酮 600倍液、50％的甲基托布津 1 000 倍液等，7 天喷一次，严重时 4 天一次，连喷 3 次，集中药剂可交替使用。还可用硫黄粉和百菌清烟剂熏烟防治。

# *111* 怎样防治辣椒青枯病?

**(1) 危害症状：**发病初期个别枝条叶片发生萎蔫，以后蔓延到整株。发病后叶色变淡并逐渐变枯。纵剖病茎，维管束变褐，其横截面可见白色乳状黏液溢出。

**(2) 发病规律：**青枯病属于细菌性病害，喜酸性土壤，环境湿度大时易发生和流行，因此常发生于高温多雨的南方，北方较少发生。病菌以病残体遗留在土壤中越冬。主要靠雨水、灌溉水及昆虫传播。从根部及茎的皮孔或伤口侵入。

**(3) 防治措施：**① 选用抗病品种。② 加强田间管理，实行轮作，改良土壤呈中性或弱碱性。培育壮苗，减少伤根。尽量控制易于发病的温湿度环境。③ 药剂防治，可采用 14％络氨铜 300 倍液或硫酸链霉素（或 72%的农用链霉素）4 000 倍液、50%抑枯双 800 倍液灌根。

## *112*　如何区别辣椒青枯病和枯萎病？

青枯病和枯萎病均是茄果类蔬菜的重要病害。这两种病害从表面上看有相似之处：均为土壤传染的病害，连作发病严重；发病后植株均表现为地上部萎蔫；开始发病萎蔫的叶片早晚可恢复；低洼地、雨过天晴天气发生严重；病株维管束均变褐色等。但这两种病害存在较大的区别，青枯病属于细菌性病害，而枯萎病则是真菌性病害。另外，从发病表现看，两种病害也存在较大的差异：①发病初期，枯萎病病株的茎部皮层呈水渍状，逐渐变褐色，植株自下而上逐渐变黄、萎蔫；而青枯病则无这种水渍状，发病后植株上部先萎蔫，其次是下部，中间最后萎蔫。②枯萎病常常出现植株一侧萎蔫，而另一侧正常，或至少田间一部分植株出现这种现象，但青枯病基本无此症状。③青枯病病株茎部尤其是植株下部茎秆上表皮粗糙，茎秆中下部丛生不定根或不定芽，但枯萎病无此症状。④青枯病病株的病茎维管束变成褐色，横切新鲜病茎并用手挤压，或病茎横切面经保湿，在切面上维管束溢出白色菌液（具臭味）；枯萎病病株的病茎虽然也出现维管束变褐色的现象，但病茎横切面保湿培养也不会出现白色菌液。有时，特别是潮湿天气，枯萎病病部会产生粉红色霉状物或白色、蓝绿色霉状物，但无臭味。

## *113*　怎样防治辣椒绵腐病？

（1）**危害症状**：该病主要危害辣椒果实，也危害茎基部，引起幼苗猝倒。果实多在植株下部发病，引起绵腐。果实发病多从脐部或伤口附近出现水渍状斑点，后扩展为黄褐色水渍状大型病斑，病健部分界明显，后期病部可扩至半个果实或全果，终至腐烂，病部外围长出一层茂密的白色棉絮状菌丝体。

**（2）发病规律：**病菌以卵孢子在土壤中度过不利的环境，条件适宜时萌发产生游动孢子，长出芽管直接侵入寄主；也可以菌丝体在土壤中行腐生生活，翌年产生孢子囊，释放出游动孢子，借助雨水溅射至植株果实上，引起绵腐病，并不断地重复侵染。病菌对温度的适应范围较大，$10\sim30℃$ 均能生长发育并产生危害，要求相对湿度 95％以上，孢子囊释放出游动孢子需要水层。所以，高湿度和水是发病的决定因素。阴雨连绵天气、雨后积水、湿气滞留则发病严重。

**（3）防治措施：**①农业防治。与非茄果类、瓜类等蔬菜轮作 2 年以上；选择耐湿品种；采用深沟高畦栽培，并地膜覆盖；雨后及时排除积水；及时摘除病果。大棚等保护地栽培应注意通风换气，降低湿度。②药剂防治。苗期用 58％甲霜灵锰锌可湿性粉剂 500 倍液或 64％杀毒矾可湿性粉剂 500 倍液、72％克露可湿性粉剂 1 000 倍液等喷雾，结果期喷施 56％靠山微颗粒剂 800 倍液或 18％甲霜胺锰锌可湿性粉剂 800 倍液、69％安克锰锌可湿性粉剂 1 000 倍液等，每 10 天左右一次，连续 2～3 次。

## *114* 怎样防治辣椒白绢病？

**（1）危害症状：**白绢病发生于辣椒茎基部和根部。初呈水渍状褐色斑，后扩展绕茎一周，生出白色绢状菌丝体，集结成束向上呈辐射状延伸，顶端整齐，病健部分界明显，病部以上叶片迅速萎蔫，叶色变黄，最后根茎部褐腐，全株枯死。后期在根茎部生出白色，后变茶褐色菜籽状小菌核，高湿时病根部产生稀疏白色菌丝体，扩展至根际土表，也产生褐色小菌核。

**（2）发病规律：**病菌以菌核或菌丝体随病残体在土壤中越冬，或菌核混在种子中越冬，翌年初侵染由越冬病菌长出菌丝，从根茎部直接侵入或从伤口侵入，再侵染由发病根茎部的菌丝蔓延至邻近植株，也可借助雨水、农事操作传播蔓延。病菌生长温度 8～40℃，适温 28～32℃；相对湿度最佳为 100%；对酸碱度的适应范围广，为 pH 1.9～8.4，最适 pH 为 5.9。6～7 月间高温多雨天气，时晴时雨，发病严重；气温降低，发病减少。酸性土壤、连作地、种植密度过高，则发病重。

**（3）防治措施：**①农业防治。与十字花科或禾本科作物轮作 3～4 年，或与水生作物轮作一年；定植前深翻土壤，并施生石灰，每 667 平方米用量 100～150 千克，翻入土中；使用充分腐熟的有机肥，适当追施硝酸铵；及时拔除病株，集中深埋或烧毁，并在病株穴内撒生石灰。②药剂防治。在发病初期用药。可选用 25%粉锈宁可湿性粉剂拌细土（1∶200）撒施于茎基部，也可用 25%粉锈宁可湿性粉剂 2 000 倍液灌根或 20%利克菌（甲基力枯磷）乳油 1 000 倍液喷雾、灌根。

## *115* 怎样防治辣椒污霉病？

**（1）危害症状：**大棚、温室栽培辣椒容易发生污霉病。污霉病属真菌性病害，主要危害叶片、叶柄及果实。叶片染病时，叶面初生污褐色圆形或不规则形霉点，后形成煤烟状物，可布满叶面、叶柄及果面，严重时几乎看不到绿色叶片和果实。病叶提早枯黄或脱落，果实提前成熟但不脱落。大棚等保护地内污霉病一般先局部发生，后逐渐蔓延。

**（2）防治措施：**①选用抗病品种。大棚等保护地栽培应选择抗病性好的品种。②加强大棚温湿度管理。大棚等保护地四周应开深沟，雨后能及时排干。平时加强通风透光，降低棚内湿度。③清除病残物。及时摘除局部发生的病株、叶、果等，并集中销毁或深埋。采收结束后，清洁田园，阻止病菌在土壤中越冬。④药剂防治。在点片发生期，及时用 40%灭菌丹可湿性粉剂 400 倍液或 40%大富丹可湿性粉剂 500 倍液、50%苯菌灵可湿性粉剂 1 500 倍液、40％多菌灵胶悬剂 600 倍液、50％多霉灵（多菌灵加万霉灵）可湿性粉剂 1 500 倍液、65％甲霜灵可湿性粉剂 1 500～2 000 倍液喷雾，隔 15 天喷一次，连续 2 次，采收前 15 天停止喷药。

# *116* 怎样防治辣椒叶霉病？

**(1) 危害症状：**叶霉病在辣椒上偶有发生。该病害发生于叶片，初发病叶片正、背面生淡黄色椭圆形或不规则形斑，病斑 2 个至数个，长径 0.8～1.2 厘米不等。后叶正面病斑逐渐变为淡褐色，病斑上长出稀疏黑褐色霉；叶片背面病斑生白色霉层，逐渐变为黑褐色或黑褐色绒状霉层。后期叶片边缘向上卷曲，呈黄褐色干枯。

**(2) 发病规律：**病菌以菌丝体和菌丝块随病残体在土壤中越冬，或以分生孢子附着在种子上及以菌丝体潜伏在种皮内越冬。翌年初侵染由越冬病菌产生的分生孢子借助气流传播蔓延。病菌生长温度为 9～34℃，最适温度 20～25℃。一般 3 月下旬至 4 月遇到连续阴雨天气、光照弱、气温 22℃左右、相对湿度 90％以上时，田间通风情况较差，容易发病，且病害快速蔓延。

**(3) 防治措施：**①农业防治。与非茄科蔬菜轮作 3 年以上，选用抗病品种，种子用 52℃温水浸泡 30 分钟，避免氮肥过量，及时通风降湿。②药剂防治。发病前可喷施 0.2％～0.5％波尔多液（等量式，浓度由低到高）或 77％可杀得可湿性粉剂 500～700 倍液。发病初期，先摘除病叶，然后喷药，每 7～10 天一次，连续 3～4 次，常用药剂有 70％甲基托布津可湿性粉剂 800～1 000 倍液、47％加瑞农可湿性粉剂 600～800 倍液、70％代森锰锌 500 倍液、80％大生可湿性粉剂 600 倍液、40％杜帮福星乳油 8 000 倍液，也可使用 5％百菌清粉尘剂喷粉，每 667 平方米每次 1 千克。大棚等保护地中可使用一熏灵 1 号或 45％百菌清烟剂烟熏。发病初期也可用烟雾剂或粉尘剂，如 45％百菌清烟剂每 667 平方米 250～300 克于傍晚使用，7％叶霉净粉尘剂于傍晚喷撒，5％百菌清粉尘剂或 10％敌托粉尘剂，每 667 平方米 1.0 千克于傍晚使用。上述药剂每 8～10 天使用一次，连续或交替使用 2～3 次。

# *117* 怎样防治白粉虱？

**(1) 生活习性与危害特点：**白粉虱又名小白蛾，在我国各地均有危害，特别是在保护地较多的地区。危害时主要群集在叶片的背面，以刺吸式口器吸吮叶片的枝叶，成虫和若虫分泌蜜露堆积在叶片和果实上，影响光合作用和降低果实商品性。白粉虱的各种虫态可在温室辣椒上越冬。雌虫交配后每天可产卵几百粒，还可进行孤雌生殖，后代均是雄虫。成虫具有趋黄、趋嫩、趋光性，并喜食植株的幼嫩部分。成虫活动最适温度 22～30℃。一年可繁殖 10 代左右。

**(2) 防治措施：**①生物防治。在保护设施内人工释放丽蚜小蜂、中华大草蛉等天敌。②物理防治。可在栽培地设置橙黄色板，上涂 10 号机油。每 667 平方米 30～40 块，诱杀效果较好。隔一周再涂一次机油。③药剂防治。可用 25％扑虱灵 25 00 倍液或 25％灭螨锰 1 200 倍液、10％联苯菊酯（天王星）3 000 倍液、2.5％溴氰菊酯（敌杀死）3 000 倍液、三氟氯氰菊酯（功夫）3 000 倍液喷洒，每周一次，连续喷 3～4 次，不同药剂应交替使用。喷药要在早晨或傍晚进行，先喷叶正面再喷背面。④熏烟防治。在保护地施用，傍晚密闭大棚或温室，用 20％灭蚜烟剂熏烟，或用 2.5％氰戊菊酯油剂用背负式机动发烟剂释放烟剂。

# *118* 怎样防治棕榈蓟马？

**(1) 生活习性与危害特点：**棕榈蓟马成虫体长 1 毫米，金黄色，头近方形，复眼稍突出，单眼 3 只，翅 2 对，周围有细长缘毛。若虫黄白色，复眼红色。

该虫在杭州市郊可周年危害，终年繁殖，以秋季危害最重。成虫活跃、善飞、怕光，多在幼果毛丛中取食，各部位叶片都能受害，但以叶背为主。卵散产于叶肉组织，幼虫入表土化蛹。近年来，由于保护地栽培面积的日益扩大及不合理的农药使用，蓟马危害日趋严重，在秧苗及成株上均有发生。蓟马主要在叶片背面、心叶、嫩芽上锉吸危害，锉吸后在叶片上形成亮晶晶的痕迹，严重时会导致叶及嫩芽扭曲变形。

全年可在杂草及茄子上辗转繁殖危害，2月上旬开始危害秧苗，5～9月为危害高峰，10～11月随着冬季气温下降，回到杂草越冬。

**(2) 防治措施：**①农业防治。加强田间管理，及时清除田间杂草、病叶，推广地膜覆盖栽培，减少害虫的越冬基数。②诱杀成虫。利用棕榈蓟马对蓝色具有强趋性，取大小约20～30厘米的蓝色油光纸，粘贴于硬纸板上，蓝色纸上均匀涂不干胶，挂在近植株上部，每667平方米挂10余块，可粘捕大量蓟马。③化学防治。可采用21％灭毙乳油600倍液或10％吡虫啉可湿性粉剂3 000～4 000倍液、70％艾美乐水分散粒剂15 000～20 000倍液、50％马拉松乳油1 000倍液、50％辛硫磷乳油1 000倍液、25％杀虫双水剂1 000～1 500倍液喷雾。用药时应注意叶背及地面喷雾，以提高防效。

# *119* 怎样防治蚜虫？

**(1) 生活习性与危害特点：**蚜虫在温暖地区或温室中以无翅胎生雌蚜繁殖，其繁殖适温为15～26℃，相对湿度为75.8％左右。蚜虫主要附着在叶面吸取辣椒叶片的营养物质，是传染病毒的主要媒介。

有翅胎生雌蚜体长2.0毫米左右，头、胸黑色，腹部绿色。无翅胎生雌蚜体长2.5毫米左右，黄绿色、绿色或黑绿色。

**(2) 防治措施：** ① 黄板诱蚜。可用涂有 10 号机油等黏液的黄板诱杀蚜虫。黄板大小一般 16～20 厘米见方，插或悬挂于蔬菜行间，并与蔬菜持平。② 银灰膜避蚜。银灰色对蚜虫有较强的趋避性，可在田间挂银灰色塑料条或用银灰色地膜覆盖蔬菜，在白菜播后立即搭 0.5 米高的拱棚，每隔 0.3 米纵横各拉一条银灰色塑料薄膜，覆盖 18 天左右。③ 洗衣粉灭蚜。洗衣粉中的十二烷基苯磺酸钠对蚜虫等有较强的触杀作用。可用洗衣粉配成 400～500 倍液，每 667 平方米用 60～80 千克，连喷 2～3 次。④ 植物灭蚜。有些植物的叶片可杀灭蚜虫，如将烟草磨成细粉，加入少量石灰粉，撒施；用水将辣椒叶或野蒿浸泡 24 小时，过滤后喷洒；蓖麻叶粉碎后撒施，或用水按 1∶2 浸泡，煮十分钟后过滤喷洒；将桃叶于水中浸泡 24 小时，加入少量生石灰，过滤后喷洒。⑤ 植物驱蚜。韭菜所挥发的气味对蚜虫有驱避作用，将辣椒与韭菜搭配种植可驱避蚜虫。⑥ 消灭虫源。木槿、石榴及菜田附近的枯草是蚜虫的主要越冬寄主，在秋冬季及春季要彻底清除菜田附近杂草，或在早春对木槿、石榴等寄主喷药防治。⑦ 保护天敌。蚜虫的天敌有七星瓢虫、草蛉、食蚜蝇等，应注意保护它们并加以利用。

# *120* 怎样防治茶黄螨？

**(1) 生活习性与危害特点：** 茶黄螨属蛛形纲蜱螨目、跗线螨科。成螨和幼螨集中在寄主的幼嫩部位（幼芽、嫩叶、花、幼果）吸食汁液。被害叶片增厚僵直，变小或变窄，叶背呈黄褐色或灰褐色，带油渍状光泽，叶缘向背面卷曲。幼茎被害变黄褐色，扭曲成轮枝状。花蕾受害畸形，重者不能开花坐果。受害严重的辣椒植株矮小丛生，落掉叶、花、果后形成秃尖，果实不能长大，凹凸不光滑，肉质发硬。

雌螨体长约 0.21 毫米，椭圆形，淡黄色至橙黄色，半透明，体背中央有白色纵条纹，足 4 对，较纤细；雄螨体长约 0.19 毫米，淡黄色至橙黄色，半透明，足较长而粗壮。卵椭圆形，无色透明，卵面纵列 5～6 行白色小瘤。若螨长椭圆形，长约 0.15 毫米，是一个静止的生长阶段，被幼螨的表皮所包围。

茶黄螨以成螨在土缝、蔬菜及杂草根际越冬，世代重叠。热带及温室大棚条件下全年均可发生。繁殖最适温度 16～23℃，相对湿度 80%～90%，温暖多湿的生态环境有利于茶黄螨生长发育，但冬季繁殖力较低。茶黄螨的传播蔓延除靠本身爬行外，还可借风力、人、工具及菜苗传带，开始为点片发生。茶黄螨有趋嫩性，成螨和幼螨多集中在植株的幼嫩部位危害，尤其喜在嫩叶背面栖息取食。雄螨活动力强，并具有背负雌若螨向植株幼嫩部位迁移的习性。卵多散产于嫩叶背面、果实的凹陷处或嫩芽上。初孵幼螨常停留在卵壳附近取食，变为成螨前停止取食，静止不动，即为若螨阶段。

**（2）防治措施：**①清洁田园。搞好冬季大棚内茶黄螨的防治工作，铲除田间和棚内杂草，蔬菜采收后及时清除枯枝落叶集中烧毁，减少越冬虫源。②药剂防治。由于茶黄螨的生活周期短，螨体小，繁殖力强，应注意抓住早期的点、片发生阶段及时防治。施药时应注意把药液重点喷在植株上部的嫩叶背面、嫩茎、花器和嫩果上。可选用下列药剂：1.8%虫螨克乳油 3 000 倍液、72%克螨特乳油 2 000 倍液、55 尼索朗乳油 2 000 倍液、20%螨克乳油 1 500 倍液、1.8%爱福丁乳油 3 000 倍液、2.5%天王星乳油 3 000 倍液、25%灭螨猛可湿性粉剂 1 000 倍液，药剂应交替使用，每隔 10 天喷施一次，连续喷施 3 次。

# 121 怎样防治红蜘蛛？

**（1）生活习性与危害特点：**棉花红蜘蛛，俗称"红蚰"，主要聚集在辣椒叶背面，受害叶先形成白色小斑点，然后褪变成黄白色，造成叶片干瘪，植株枯死。红蜘蛛主要以成虫、卵、幼虫、若虫这4种虫态在作物和杂草上越冬，一般一年繁殖10~20代，一般25℃以上才开始发生，6~8月为发生高峰期。

**（2）防治措施：**①清洁田园。搞好冬季大棚内茶黄螨的防治工作，铲除田间和棚内杂草，蔬菜采收后及时清除枯枝落叶集中烧毁，减少越冬虫源。②药剂防治。由于茶黄螨的生活周期短，螨体小，繁殖力强，应注意抓住早期的点、片发生阶段及时防治。施药时应注意把药液重点喷在植株上部的嫩叶背面、嫩茎、花器和嫩果上。可选用下列药剂：1.8%虫螨克乳油3 000倍液、72%克螨特乳油2 000倍液、55尼索朗乳油2 000倍液、20%螨克乳油1 500倍液、1.8%爱福丁乳油3 000倍液、2.5%天王星乳油3 000倍液、25%灭螨猛可湿性粉剂1 000倍液，药剂应交替使用，每隔10天喷施一次，连续喷施3次。

## *122* 怎样防治根结线虫？

**（1）生活习性与危害特点：**根结线虫在有些地区非常严重。该病主要发生在须根或侧根上，病部产生肥肿畸形瘤状结，解剖根结有很小的乳白色线虫埋于其内。一般在根结之上可生出细弱新根，并再度感染，形成根结状肿瘤。在发病初期，地上部分的症状并不明显，但一段时间后，植株表现叶片黄化，生育不良，结果少，严重时植株矮小。感病植株在干旱或晴朗天气的中午常常萎蔫，有的提早枯死。

我国辣椒根结线虫病的病原物为南方根结线虫，属于植物寄生线虫，有雌雄之分，幼虫呈细长蠕虫状；雌虫产卵多埋藏于寄主组织内。根结线虫常以2龄幼虫或卵随病残体遗留土壤中越冬，可存活1~3年。翌年条件适宜，越冬卵即孵化为幼虫，继续发育并侵入寄主，刺激根部细胞增生，形成根结或瘤。幼虫发育至4龄时交尾产卵，雄虫离开寄主进入土壤，不久即死亡，卵在根结内孵化发育，2龄后离开卵壳，进入土壤进行再侵染或越冬。辣椒根结线虫的初侵染源主要是病土、病苗及灌溉水。在土温 25～30℃、土壤持水量 40％左右，病原线虫发育较快，10℃以下幼虫停止活动，55℃下经 10 分钟即可死亡。地势高燥、土壤质地疏松、盐分低的条件适合线虫活动，发病严重；连作发病严重。

根结线虫以成虫或卵在病组织中越冬，或以幼虫在土壤中越冬。病土和病肥是发病主要来源。翌年，越冬的幼虫或卵孵化出幼虫，由根部侵入，导致田间初侵染，以后则出现重复侵染。辣椒根结线虫适宜的发育温度为 25～30℃，幼虫遇 10℃低温即失去生活能力，48～60℃经 5 分钟致死；这种线虫只能在土壤中存活一年。分布在 20 厘米土层以内，以 3～10 厘米土层分布最多。根结线虫好气，凡地势高燥、土质疏松的土壤都有利于线虫活动，发病较重，若土壤潮湿、板结，则不利于线虫活动，发病轻。连作发病重，连作期越长，危害越重。春季发病比秋季重。

**（2）防治措施：**①合理轮作。辣椒轮作 3 年以上，最好是进行水旱轮作。重病地块可改种葱、蒜类蔬菜。②实行深耕。根结线虫一般在浅土层中活动，深耕可减少根结线虫的危害。通常需要深耕 25 厘米以上。③及时清理病残体并进行土壤消毒。春季作物收获后，利用夏季高温，每 667 平方米撒施生石灰 75～100 千克，然后翻地、灌足水，覆盖薄膜，密闭大棚 15～20 天，地表温度可达 70℃，10 厘米土层温度也可达 60℃，这样的温度可以杀死线虫。④药剂防治。在播种或定植时，穴施 10％粒满库颗粒剂每 667 平方米 5 千克，或 5％粒满库颗粒剂每 667 平方米 10 千克，或 98％～100％棉隆（必速灭）颗粒剂每 667 平方米 5～6 千克（黏重土 6～7 千克），均匀拌 50 千克细土，撒施或沟施，施药深度 20 厘米，用药后立即覆土，有条件可浇水并覆盖地膜，使土壤温度控制在 12～18℃，湿度 40％以上。可以用 1.8％爱福丁乳油在定植前灌沟，用量为每平方米 1～1.5 克，对水 6 千克，定植后以同样药量灌根 2 次，间隔 10～15 天。另外，可用中华土壤菌虫快杀700～900 倍液或 80％敌敌畏乳油 1 000 倍液灌根，也可用 3％米乐尔颗粒剂 3 千克加干细土 50 千克施入土壤。生长期间可用 50％辛硫磷乳油 1 000 倍液（大棚内使用）或 80％敌敌畏乳油 1 000 倍液灌根（露地使用），每株用药液 0.25～0.5 千克。

# *123* 怎样防治棉铃虫？

**(1) 生活习性与危害特点**：棉铃虫又名钻心虫，属鳞翅目夜蛾科。主要以幼虫蛀食辣椒的嫩茎、叶及果实，幼果常被吃空。危害时多在果柄处钻洞，钻入果内蛀食果肉。

成虫具有趋光、趋花习性。每年可发生 4 代，以蛹在土壤中越冬，成虫在植株嫩叶、嫩果柄上产卵，每头雌虫产卵 1 000 粒以上，1 头幼虫危害 35 个果实。棉铃虫喜温喜湿，幼虫发育以 25～28℃、相对湿度 75％～96％最为适宜。

**(2) 农业防治**：耕作栽培，减少虫源。露地冬耕冬灌，将土中的蛹杀死。早春在辣椒田边靠西北方向种一行早玉米，待棚模揭除后，其成虫飞往玉米植株上产卵，然后清除卵粒以减少虫量。实行轮作，推广早熟品种，避开危害时期。加强田间管理，及时清洁田园，在盛卵期结合整枝打杈摘除带卵叶片，减少卵量，摘除虫果，压低虫口基数。

**(3) 物理防治**：诱杀成虫，降低虫量。①杨树枝把诱蛾法：剪取 0.6 米长带叶杨树枝条，每 10 根一小把绑在一根木棍上，插在田间（稍高于辣椒顶部），每 667 平方米 10 把，每 5～10 天更换一次，一般从 4 月上中旬开始，连续 15～20 天。每天早晨露水未干时用塑料袋套在把上捕杀成虫。②黑光灯诱蛾法：每 3.5 公顷安装黑光灯一盏（220 伏、40 瓦），灯下放一塑料盆，盆内盛水放少量洗衣粉，从 4 月上中旬田间始见蛾时于傍晚点灯至翌日清晨，可杀死大量飞蛾。③电子灭蛾灯诱杀成虫：在无遮挡的菜地里每 7 公顷安装一盏灯（220 伏、15 瓦），用一根木桩竖立深埋固定，以避免大风刮动而摇摆，灯具安装在木桩上，底部高出植株顶部 0.2 米以上，木桩周围设置醒目警示牌或安全栏栅，通电后不能用手摸电网，以免触电，注意线路维修，以免漏电，若电网上布满害虫残体，必须停电后再清除。本年用完后妥善保管好灯具，翌年再用。可杀死蔬菜、水稻、棉花、果树等趋光性害虫，并且多数是在产卵前被诱杀。

**（4）生物防治：**保护天敌，杀死幼虫。保护好天敌如赤眼峰、长蝽、花蝽、草蛉及蜘蛛等。使用生物农药，在产卵高峰期喷施Bt乳剂、复方Bt乳剂、杀螟杆菌各 500～800 倍液，生物复合病毒杀虫剂 I 型 1 000～1 500 倍液，对低龄幼虫有较好的防治效果。注意在使用生物农药时要检查该药是否过期或假冒伪劣产品，并要求在阴天或傍晚弱光照时施药，不能与杀菌剂或内吸性有机磷杀虫剂混用，使用过该药的药械要认真冲洗干净；当田间虫口密度大时，可适当加入少量除虫菊酯类农药，以便尽快消灭害虫，减轻危害。

**（5）化学防治：**使用药剂毒杀幼虫。在准确测报基础上，重点抓好花蕾至幼果期的防治。根据防治指标（有虫株率2%），及时在1～2龄幼虫期用药，即幼虫还未蛀入果内危害的时期施药防治，将幼虫杀死在蛀果前。可选用2.5%溴氰菊酯乳油 2 000 倍液或2.5%氯氟氰菊酯乳油 2 000 倍液、4.5%高效氯氰菊酯乳油 1 500倍液、5%卡死克乳油 2 000 倍液、35%农梦特乳油 2 000 倍液、10%菊马乳油 1 500 倍液、48%乐斯苯乳油 1 500 倍液、21%灭杀毙乳油 4 000 倍液，于傍晚喷施，每季每种药只可用2次，轮换用药，减缓害虫产生抗药性。

## *124* 怎样防治烟青虫？

**（1）生活习性与危害特点：**烟青虫属鳞翅目夜蛾科，又名烟夜蛾。烟青虫主要危害辣椒，以幼虫蛀食花蕾和果实为主，也可食害其嫩茎、叶和芽。蛀果危害时，虫粪残留于果皮内，使椒果失去经济价值，田间湿度大时，椒果容易腐烂脱落，造成减产。

成虫体长约 15 毫米，翅展 27～35 毫米，黄褐色，前翅有黑褐色细横线，肾状纹和环状纹较棉铃虫清晰；后翅黄褐色，外缘黑褐色宽带稍窄。卵较扁，淡黄色，卵壳上有网状花纹，卵孔明显。老熟幼虫体形大小及体色变化与棉铃虫相似。体侧深色纵带上的小白点不连成线，分散成点。体表小刺较棉铃虫短，圆锥形，体壁柔薄较光滑。蛹赤褐色，纺锤形，体长、体色与棉铃虫相似，腹部末端一对钩刺基部靠近。

烟青虫一般一年发生 4～5 代，蛹在土中越冬，成虫 4 月上中旬至 11 月下旬均可见。成虫产卵多在夜间，前期卵多产在寄主植物上中部叶片背面的叶脉处，后期多在果面或花瓣上。气温高低直接影响成虫羽化的早晚、卵的历期和幼虫发育的快慢，其生长发育适温为 20～28℃。在蛀果危害时，一般一个椒果内只有一头幼虫，密度大时有自相残杀的特点。幼虫白天潜伏夜间活动，有假死性，老熟后脱果入土化蛹。近年来烟青虫的发生危害呈逐年加重的趋势。

**(2) 农业防治：**耕作栽培，减少虫源。露地冬耕冬灌，将土中的蛹杀死。早春在辣椒田边靠西北方向种一行早玉米，待棚模揭除后，成虫飞往玉米植株上产卵，然后清除卵粒、减少虫量。实行轮作。推广利用早熟品种，避开危害时期。加强田间管理，及时清洁田园，在盛卵期结合整枝打杈摘除带卵叶片，减少卵量，摘除虫果，压低虫口基数。

**(3) 物理防治：**诱杀成虫，降低虫量。①杨树枝把诱蛾法：剪取 0.6 米长带叶杨树枝条，每 10 根一小把绑在一根木棍上，插在田间（稍高于辣椒顶部），每 667 平方米 10 把，每 5～10 天更换一次，一般从 4 月上中旬开始，连续 15～20 天。每天早晨露水未干时，用塑料袋套在把上捕杀成虫。②黑光灯诱蛾法：每 3.5 公顷安装黑光灯一盏（220 伏、40 瓦），灯下放一塑料盆，盆内盛水放少量洗衣粉，从 4 月上中旬田间始见蛾时于傍晚点灯至翌日清晨，可杀死大量飞蛾。③电子灭蛾灯诱杀成虫：在无遮挡的菜地里，每 7

公顷安装一盏灯（220伏、15瓦），用一根木桩竖立深埋固定，以避免大风刮动而摇摆，灯具安装在木桩上，底部高出植株顶部0.2米以上，木桩周围设置醒目警示牌或安全栏栅，通电后不能用手摸电网，以免触电，注意线路维修，以免漏电，若电网上布满害虫残体，必须停电后再清除。本年用完后妥善保管好灯具，翌年再用。可杀死蔬菜、水稻、棉花、果树等趋光性害虫，并且多数是在产卵前被诱杀。

**（4）生物防治：**保护天敌，杀死幼虫。①保护好天敌如赤眼峰、长蟷、花蟷、草蛉及蜘蛛等。②使用生物农药，在产卵高峰期喷施生物农药如Bt乳剂、复方Bt乳剂、杀螟杆菌各500～800倍液，生物复合病毒杀虫剂Ⅰ型1 000～1 500倍液，对低龄幼虫有较好的防治效果。注意在使用生物农药时要检查该药是否过期或假冒伪劣产品，并要求在阴天或傍晚弱光照时施药，不能与杀菌剂或内吸性有机磷杀虫剂混用，使用过该药的药械要认真冲洗干净；当田间虫口密度大时，可适当加入少量的除虫菊酯类农药，以便尽快消灭害虫，减轻危害。

**（5）化学防治：**使用药剂，毒杀幼虫：在准确测报基础上，重点抓好花蕾至幼果期的防治。根据防治指标（有虫株率2%），及时地在1～2龄幼虫期用药，即幼虫还未蛀入果内危害的时期施药防治，将幼虫杀死在蛀果前。可选用2.5%溴氰菊酯乳油2 000倍液或2.5%氯氟氰菊酯乳油2 000倍液、4.5%高效氯氰菊酯乳油1 500倍液、5%卡死克乳油2 000倍液、35%农梦特乳油2 000倍液、10%菊马乳油1 500倍液、48%乐斯苯乳油1 500倍液、21%灭杀毙乳油4 000倍液等，于傍晚喷施，每季每种药只可用2次，轮换用药，减缓害虫产生抗药性。

## *125* 怎样防治斜纹夜蛾？

**（1）生活习性与危害特点：**斜纹夜蛾属鳞翅目夜蛾科，是一种食性很杂的暴食性害虫。初孵幼虫群集危害，2 龄后逐渐分散取食叶肉，4 龄后进入暴食期，5～6 龄幼虫占总食量的 90%。幼虫咬食叶片、花、花蕾及果实，食叶成孔洞或缺刻，严重时可将全田作物吃成光秆。

成虫体长 14～20 毫米，翅展 35～40 毫米，体深褐色，胸部背面有白色丛毛，腹部侧面有暗褐色丛毛。前翅灰褐色，内、外横线灰白色波浪形，中间有 3 条白色斜纹，后翅白色。卵扁平半球形，初产时黄白色，孵化前紫黑色，外覆盖灰黄色绒毛。老熟幼虫体长 35～50 毫米，幼虫共分 6 龄。头部黑褐色，胸腹部颜色变化大，如土黄色、青黄色、灰褐色等，从中胸至第九腹节背面各有一对半月形或三角形黑斑。蛹长 15～20 毫米，红褐色，尾部末端有一对短棘。

斜纹夜蛾在海南省一年发生 5～6 代，是一种喜温性害虫，发育适宜温度 28～30℃，危害严重时期 6～9 月。成虫昼伏夜出，以晚上 8～12 时活动最盛，有趋光性，对糖、酒、醋液及发酵物质有趋性。卵多产在植株中部叶片背面的叶脉分叉处，每雌产卵 3～5 块，每块约 100 多粒。大发生时幼虫有成群迁移的习性，有假死性。高龄幼虫进入暴食期后，一般白天躲在阴暗处或土缝中，多在傍晚后出来活动危害，老熟幼虫在 1～3 厘米表土内或枯枝败叶下化蛹。

**(2) 防治措施：**①诱杀成虫。利用成虫的趋光性、趋化性进行诱杀，可采用黑光灯、频振式灯诱蛾，也可用糖醋液或胡萝卜、甘薯、豆饼等发酵液，加少许红糖、敌百虫进行诱杀。②人工捕杀。利用成虫产卵成块、初孵幼虫群集危害的特点，结合田间管理进行人工摘卵和消灭集中危害的幼虫。③生物防治。在幼虫初孵期用复合病毒杀虫剂虫瘟一号 1 500 倍液喷雾，效果较好。④化学防治。抓住幼虫在 3 龄前群集危害和点片发生的阶段，可结合田间管理进行挑治，不必全田施药。幼虫 4 龄以后因昼伏夜出危害，施药宜在傍晚前后进行。可选用下列药剂：5% 抑太保乳油 3 000 倍液、

7.5%虫霸乳油 3 000 倍液、5%卡死克乳油 2 000 倍液、20%菊马乳油 2 000 倍液、40%氰戊菊醋 5 000 倍液、2.5%天王星乳油 3 000倍液、48%乐斯本乳油 1 000 倍液，每隔 7～10 天喷施一次，连用 2～3 次。

## *126* 怎样防治美洲斑潜蝇？

**(1) 生活习性与危害特点：**美洲斑潜蝇的寄主很广，可危害 100 多种蔬菜作物。以幼虫钻叶危害，在叶片上形成由细变宽蛇形隧道，开始为白色，以后变为铁锈色。幼虫多时在短时间就能使叶片干死。幼虫为米黄色无头蛆，长成后钻出叶面化蛹，成虫 2 毫米，可飞行，最短 12 天就可繁殖一代，每头虫可产卵 300 粒以上。

**(2) 防治措施：**①培育壮苗，及时发现并摘除受害叶。防止带病幼苗及植物进入无虫区。②搞好田间卫生，及时清理各种残茬和杂草，特别是已经发生虫害的地块。③保护地可结合换茬进行消毒。④利用成虫具有的趋黄性，采用黄板涂机油进行诱杀。⑤采用药剂防治，喷药宜选在早晨或傍晚进行，应选用兼具内吸和触杀作用的杀虫剂，如 20%的康福多 20 000 倍液或 2.5%的保得乳油 2 000倍液、1.8%的爱福丁乳剂 2 000 倍液喷雾，交替使用。

## *127* 怎样防治蛴螬和蝼蛄？

**(1) 生活习性与危害特点：**蛴螬是金龟子的幼虫，主要在未成熟的粪中产生。幼虫主要取食植株的地下部分，直接咬断根和茎，使植株死亡。耕层土温达到 5℃时开始移向土表，13～18℃土温为活动盛期。蛴螬喜湿润，阴雨天危害加重。成虫有假死性、趋光性，特别喜欢未腐熟的有机肥。

华北蝼蛄主要分布在我国北方，非洲蝼蛄主要分布在我国南方。危害时成虫和若虫咬食刚播下的种子或将幼苗咬断，受害的根部呈麻花状。蝼蛄在地下活动时将土表穿成许多隧道，易使幼苗与土分离，使幼苗失水而死。蝼蛄昼伏夜出，夜间气温低于15℃时白天活动，灌水后活动最盛。一般黏土壤发生少，而沙土壤危害重。

**（2）防治措施：**①农业防治。秋后深翻土壤，进行冻垡，可明显降低第二年的虫量。施用的有机肥要保证充分腐熟。在有机肥中还可喷施辛硫磷等农药。②灯光诱杀。可使用黑光灯诱杀成虫。③毒饵诱杀。可用90％的敌百虫150克对水90倍拌煮的半熟秕谷5千克，或对水30倍拌炒香的麦麸5千克。将毒饵撒在蝼蛄和蛴螬活动的地方，每667平方米用毒饵2千克左右。④药剂防治。发生幼虫危害时可用90％的敌百虫800～1 000倍液或50％的辛硫磷1 000倍液灌根，也可制成毒土撒在畦内。

## *128*　怎样防治金针虫？

**（1）生活习性与危害特点：**金针虫是叩头虫的幼虫，危害根部、茎基，取食有机质。成虫叩头虫一般颜色较暗，体形细长或扁平，具有梳状或锯齿状触角。胸部下侧有1个爪，受压时可伸入胸腔。当叩头虫仰卧，若突然敲击爪，叩头虫即会弹起，向后跳跃。幼虫圆筒形，体表坚硬，蜡黄色或褐色，末端有2对附肢，体长13～20毫米。根据种类不同，幼虫期1～3年，蛹在土中的土室内，蛹期大约3周。金针虫危害新移栽烟苗根部及在茎基部掘洞，引起烟株萎蔫和死亡，土壤有机质含量高时，危害程度较低。

**（2）防治措施：**①农业防治。秋后深翻土壤，冻垡，可明显降低第二年的虫量。施用的有机肥要保证充分腐熟。在有机肥中还可喷施辛硫磷等农药。②灯光诱杀。可使用黑光灯诱杀成虫。③毒饵诱杀。可用90％的敌百虫150克对水90倍拌煮的半熟秕谷5千克，或对水30倍拌炒香的麦麸5千克。将毒饵撒在蝼蛄和蛴螬活动的地方，每667平方米用毒饵2千克左右。④药剂防治。发生幼虫危害时可用90％的敌百虫800～1 000倍液或50％的辛硫磷1 000倍液灌根，也可制成毒土撒在畦内。

# 129 怎样防治小地老虎？

**（1）生活习性与危害特点：**小地老虎是一种杂食性害虫，可危害多种蔬菜幼苗。幼虫3龄前大多在叶背和叶心昼夜取食而不入土，3龄后白天潜伏在浅土中，夜出活动取食。苗小时齐地面咬断嫩茎，拖入穴中。5～6龄进入暴食期，占总取食量的95％。成虫昼伏夜出，尤以黄昏后活动最盛，并交配产卵。成虫对灯光和糖醋有趋性，3龄后的幼虫有假死性和互相残杀的特性，老熟幼虫潜入土内筑室化蛹。

成虫体长16～23毫米，翅展42～54毫米，体暗褐色。前翅内、外横线均为双线黑色，呈波浪形，前翅中室附近有1个肾形斑和1个环形斑。后翅灰白色，腹部灰色。老熟幼虫体长42～47毫米，头黄褐色，体灰黑色。体背粗糙，布满龟裂状皱纹和黑色微小颗粒。幼虫共分6龄。

**（2）防治措施：**①农业防治。早春铲除田园杂草，减少产卵场所和食料来源，春耕多耙，消灭土面上的卵粒，秋冬深翻烤土冻垡，破坏其越冬场所。②诱杀成虫。利用成虫的趋光性、趋化性开展诱杀。推广应用频振式诱蛾杀虫灯。春季利用糖醋液诱杀成虫，按糖、醋、酒、水的比例为6∶3∶1∶10，再加入少量敌百虫配成诱液，将诱液放进盆内，傍晚时置入田间，盆离地面约1米，第二天上午收回。③化学防治。一般在3龄幼虫以前用药，选用2.5％敌百虫粉剂，每667平方米用1.5～2.0千克药粉加入10千克细土制成毒土，拌匀后撒在植株周围。苗期施药，可选用以下药剂进行喷雾：90％敌百虫晶体1 000倍液、21％灭杀毙乳油8 000倍液、20％菊马乳油2 000倍液、敌杀死或速灭杀丁3 000倍液，虫龄较大时可用80％敌敌畏或48％乐斯本1 000倍液灌根。

# *130* 怎样防治草地螟？

**(1) 生活习性与危害特点：**草地螟属于鳞翅目螟蛾科，别名黄绿条螟。有时危害辣椒，初孵幼虫取食叶肉，残留表皮，长大后可将叶片吃成缺刻或仅留叶脉，使叶片呈网状。大发生时也危害花和幼苗。草地螟是一种间歇性暴发成灾的害虫。分布于我国北方地区，每年发生 2～4 代，以老熟幼虫在土内吐丝作茧越冬。翌春 5 月化蛹及羽化。成虫飞翔力弱，喜食花蜜，卵散产于叶背主脉两侧，常 3～4 粒在一起，以距地面 2～8 厘米的茎叶上最多。初孵幼虫多集中在枝梢上结网躲藏，取食叶肉，3 龄后食量剧增，幼虫共 5 龄。

**(2) 农业防治：**耕作栽培，减少虫源。露地冬耕冬灌，将土中的蛹杀死。早春在辣椒田边靠西北方向种一行早玉米，待棚膜揭除后，其成虫飞往玉米植株上产卵，然后清除卵粒、减少虫量。实行轮作。推广利用早熟品种，避开危害时期。加强田间管理，及时清洁田园，在盛卵期结合整枝打杈摘除带卵叶片，减少卵量，摘除虫果，压低虫口基数。

**(3) 物理防治：**诱杀成虫，降低虫量。①杨树枝把诱蛾法：剪取 0.6 米长带叶杨树枝条，每 10 根一小把绑在一根木棍上，插在田间（稍高于辣椒顶部），每 667 平方米 10 把，每 5～10 天更换一次，一般从 4 月上中旬开始，连续 15～20 天。每天早晨露水未干时，用塑料袋套在把上捕杀成虫。②黑光灯诱蛾法：每 3.5 公顷安装黑光灯一盏（220 伏、40 瓦），灯下放一塑料盆，盆内盛水放少量洗衣粉，从 4 月上中旬田间始见蛾时于傍晚点灯至翌日清晨，可杀死大量飞蛾。③电子灭蛾灯诱杀成虫：在无遮挡的菜地里，每 7 公顷安装一盏灯（220 伏、15 瓦），用一根木桩竖立深埋固定，以避免大风刮动而摇摆，灯具安装在木桩上，底部高出植株顶部 0.2 米以上，木桩周围设置醒目警示牌或安全栏栅，通电后不能用手摸电网，以免触电，注意线路维修，以免漏电，若电网上布满害虫残体，必须停电后再清除。本年用完后妥善保管好灯具，翌年再用。可杀死蔬菜、水稻、棉花、果树等趋光性害虫，并且多数是在产卵前被诱杀。

**（4）生物防治：**保护天敌，杀死幼虫。保护好天敌如赤眼峰、长蝽、花蝽、草蛉及蜘蛛等。使用生物农药。在产卵高峰期喷施生物农药如 Bt 乳剂、复方 Bt 乳剂、杀螟杆菌各 500～800 倍液，生物复合病毒杀虫剂 I 型 1 000～1 500 倍液，对低龄幼虫有较好的防治效果。注意在使用生物农药时要检查该药是否过期或假冒伪劣产品，并要求在阴天或傍晚弱光照时施药，不能与杀菌剂或内吸性有机磷杀虫剂混用，使用过该药的药械要认真冲洗干净；当田间虫口密度大时，可适当加入少量除虫菊酯类农药，以便尽快消灭害虫，减轻危害。

**（5）化学防治：**使用药剂，毒杀幼虫。在准确测报基础上，重点抓好花蕾至幼果期的防治。根据防治指标（有虫株率 2%），及时在 1～2 龄幼虫期用药，即幼虫还未蛀入果内危害的时期施药防治，将幼虫杀死在蛀果前。可选用 2.5% 溴氰菊酯乳油 2 000 倍液或 2.5% 氯氟氰菊酯乳油 2 000 倍液、4.5% 高效氯氰菊酯乳油 1 500 倍液、5% 卡死克乳油 2 000 倍液、35% 农梦特乳油 2 000 倍液、10% 菊马乳油 1 500 倍液、48% 乐斯苯乳油 1 500 倍液、21% 灭杀毙乳油 4 000 倍液，傍晚喷施，每季每种药只可用 2 次，轮换用药，减缓害虫产生抗药性。

# *131* 怎样防治印度谷螟？

**（1）生活习性与危害特点：**印度谷螟属于鳞翅目卷螟科。翅展约 18 厘米，复眼黑色，前翅狭长，呈三角形，翅面近基部约 2/5 为黄白色，近端部约 3/5 为红棕色，并有铜色光泽。后翅灰白，略带黄褐，半透明。可在玉米、大麦、小麦、豆类、花生、油菜籽、干果、粉状谷物、奶粉、中药材等中发现。危害辣椒时常吐丝成小团或长茧，日久把干椒连缀成块状。印度谷螟每年繁殖 4～6 代，每一雌虫可产卵约 150 粒，一般以幼虫在仓库缝隙吐丝结茧化蛹或越冬。成虫喜阴暗，一般在黄昏飞翔。

**（2）防治措施：**①仓储的干椒要晒干，家庭少量存放应装入塑料袋内，防止干椒返潮。②药剂防治可用磷化铝，每立方米投放磷化铝 3 片（每片重 3 克，产生 1 克磷化氢气体），外面用塑料薄膜密封。

# 十二、无公害辣椒化肥农药的科学使用

## *132* 为什么要实施无公害辣椒肥料施用原则？

无公害蔬菜并非要求禁止化肥农药的使用。在我国，无公害蔬菜主要分为无公害蔬菜、绿色蔬菜和有机蔬菜三大类，其中绿色蔬菜与有机蔬菜的 AA 级为无公害蔬菜的最高级别，要求不施用任何农药和化肥。由于多方面因素影响，有机蔬菜在我国所占的比重很小，当前通行的无公害蔬菜标准，主要是指通过检测确定蔬菜中的农药残留、亚硝酸盐残留不超标。就我国当前乃至今后很长一段时间内无公害蔬菜生产（包括朝天椒生产），化肥农药的科学使用是必要的。

目前，蔬菜生产中化肥的超量施用在提高蔬菜产量的同时，造成蔬菜产品中硝酸盐等有害物质大量积累，也带来水体和土壤污染等越来越多的环境问题，严重影响到人民群众的身体健康，因此，朝天椒作为一种蔬菜作物，实施无公害施肥成为亟待解决的问题。

## *133* 无公害蔬菜生产允许使用的肥料种类有哪些？

根据中国绿色食品发展中心制定的《肥料施用准则》规定，无公害蔬菜生产允许使用的肥料种类如下：

（1）堆肥、厩肥、沤肥、沼气肥、绿肥、作物秸秆、泥肥、饼肥等有机肥。

（2）腐殖酸类肥料。

（3）根瘤菌、固氮菌、磷细菌、硅酸盐细菌、复合菌等微生物肥料。

（4）半有机肥料（有机复合肥）。

（5）矿物钾肥和硫酸钾、矿物磷肥（磷矿粉）、锻烧磷酸盐（钙镁磷肥、脱氟磷肥）、石灰石（酸性土壤施用）、粉状硫肥等无机（矿质）肥料。

（6）用于叶面喷施的微量元素肥料及植物生长辅助物质（不包括合成的化学物质）肥料及其他有机肥料。

（7）通过国家有关部门的登记认证及生产许可，质量指标达到国家有关标准要求，确保不对蔬菜和生产环境产生不良影响的化学合成肥料。

## *134*　无公害蔬菜生产肥料施用原则是什么？

无公害蔬菜生产的施肥原则是：以有机肥为主，辅以其他肥料；以多元复合肥为主，单元素肥料为辅；以基肥为主，追肥为辅。尽量限制化肥施用，如确实需要，可有限度有选择地施用部分化肥，但应注意掌握以下原则：

（1）禁止使用未获准登记认证及生产许可的肥料产品、含氯复合肥、硝态氮肥（如硝酸铵等）、未经无害化处理的城市垃圾或含有重金属、橡胶以及有害物质的工业和生活废物。

（2）控制用量，一般每 667 平方米不超过 25 千克。

（3）化肥必须与有机肥配合施用，有机氮肥与无机氮肥之比以 1∶1 为宜。

（4）少用叶面喷肥。

（5）最后一次追施化肥应在收获前 30 天进行。

## *135*　为什么要实施配方施肥？

为降低污染，充分发挥肥效，应实施配方施肥，即根据蔬菜营养生理特点、吸肥规律、土壤供肥性能及肥料效应，确定有机肥、氮、磷、钾及微量元素肥料的适宜量和比例以及相应的施肥技术，做到对症配方。具体应包括肥料的品种和用量，基肥、追肥比例，追肥次数和时期，以及根据肥料特征采用的施肥方式。配方施肥是无公害蔬菜生产的基本施肥技术。

## *136* 无公害蔬菜生产中施肥应注意哪些问题？

（1）有机肥无论采用何种原料堆制，必须经 50℃ 左右温度下 5～7 天发酵（堆温不可过高，以免损耗养分），以达到无害化卫生标准，以防传播病、虫、草害。一般每 667 平方米菜地每年施用腐熟有机肥为 3 立方米以上。

（2）化肥要深施、早施，深施可减少氮素挥发，提高氮素的利用率。早施则利于植株早发快长，延长肥效，减轻硝酸盐积累。一般铵态氮施于 6 厘米以下土层，尿素施于 10 厘米以下土层。

（3）配施生物有机肥，按说明书要求施用，绝不能与杀菌剂混用。

（4）根据蔬菜种类和栽培条件灵活施肥，不同类型的蔬菜，硝酸盐的累积程度有很大差异，一般是叶菜高于瓜菜，瓜菜高于果菜。

（5）含有害物质的城市垃圾、污泥、医院的粪便垃圾和工业垃圾等一律不得用作生产无公害蔬菜的肥料。

（6）不同类型的蔬菜对氮素的需要量不同，一般叶菜类＞果菜类＞地下根茎类＞食用菌类。同一种蔬菜在不同气候条件下硝酸盐含量有差异，一般高温强光下硝酸盐积累少，低温弱光下硝酸盐易大量积累。在施肥过程中，应根据蔬菜种类、栽培季节和气候条件等，灵活施肥。

# *137* 无公害辣椒肥料施用原则是什么？

（1）以有机肥为主：重施底肥，合理追肥，控制氮肥用量，提倡使用专用肥和生物肥，测土配方施肥，保持土壤肥力平衡。

（2）施足基配：保证施充分腐熟的有机肥每 667 平方米 4 000～5 000 千克，并配合施用磷酸二铵 30～50 千克、硫酸钾 40～60 千克或三元素复合肥 100 千克。

（3）合理追肥：每 667 平方米可追施腐熟人粪尿 1 000 千克或尿素 10 千克。

（4）禁止施用有害的城市垃圾和污泥，收获阶段不许用粪水肥追肥。

# *138* 无公害辣椒生产中科学的施肥方法是什么？

无公害辣椒是指有毒有害物质控制在标准规定限量范围之内的辣椒商品。目前存在一种误解，认为在农业生产中，施用化肥生产出的农产品不是无公害产品，只有全部施用有机肥才能生产出无公害产品，这种观点是错误的。

化肥的施用为提高作物产量发挥了极其重要的作用。平衡合理地施用优质化肥不会造成污染，不合理和过量施用化肥才会造成环境污染，使农产品质量下降。如果大量施用有机肥，同样会对环境和农作物品质造成危害，而且并非都是绿色食品。植物营养学说证明，化肥提供的大多是植物可直接吸收的养分。有机肥中的各种有机成分，必须经微生物分解成矿质养分后才能被植物利用，而且有机肥中有的成分很难被生物降解。因此，在朝天椒的无公害生产过程中，科学的施肥方法是将有机肥和化肥配合施用。

目前，施肥科学研究表明，只要科学、平衡施肥，不仅不会对环境和朝天椒品质造成危害，相反还会提高辣椒产量和改善其品质。

## *139* 无公害辣椒生产化肥施用原则是什么？

无公害辣椒生产化肥施用原则是提倡使用有机肥料和微生物肥料。在禁止使用含氯复合肥和硝态氮肥的前提下，允许使用化肥，但化肥必须与有机肥配合施用，无机氮施用量不宜超过有机氮用量。化肥也可与有机肥、复合微生物肥配合施用，配方为厩肥1 000千克、尿素5～10千克或磷酸二铵20千克、复合微生物肥料60千克，最后一次追肥必须在收获前30天进行。

总之，生产无公害朝天椒产品不应拒绝化肥的施用，提倡用养分齐全的优质复混（合）肥料或专用肥料来发展无公害种植。以多元复合肥为主，单元素肥料为辅；以施基肥为主，追肥为辅，控制氮肥施用量和时间。

## *140* 生产无公害辣椒有哪些化肥可供选择？

化肥据其养分含量可分为氮素化肥、磷素化肥、钾素化肥、微量元素化肥及复合肥料等，但并非所有的化肥都可在朝天椒生产过程中施用，如氯化物的施用会导致茄科蔬菜产量降低，应限制其施用。无公害朝天椒生产可选择使用的化肥种类及基本使用方法详见表2。

表2　无公害朝天椒生产可使用的化学肥料

| 肥料种类 | 肥料名称 | 养分含量（%） | 科学施用方法 |
|---|---|---|---|
| 氮素化肥 | 尿素 | 含氮46% | 多作基肥、追肥施用，不宜作种肥；施用时深施覆土；可作面肥，喷施浓度0.5%～1.5%，每667平方米使用量20千克左右 |

（续）

| 肥料种类 | 肥料名称 | 养分含量（%） | 科学施用方法 |
|---|---|---|---|
| 氮素化肥 | 硫酸铵 | 含氮20%～21% | 可作基肥、种肥、追肥施用，每667平方米追施20～40千克；施用时深耕覆土以防氨挥发；在酸性土壤上应与石灰和有机肥料配合使用，不能与石灰混合或同时施用；使用前后要相隔3～5天 |
| | 碳酸氢铵 | 含氮17% | 可作基肥或追肥施用，不宜作种肥；易挥发，应深施，施用后及时覆土、浇水、通风；每667平方米施用量30千克左右 |
| | 硝酸铵 | 含氮35% | 多作追肥施用，不宜作种肥，每667平方米施用量20千克左右；采收前一个月禁止施用，以防硝酸盐含量超标 |
| 磷素化肥 | 过磷酸钙 | 含磷12%～18% | 可用作基肥、种肥和根外追肥；适用于中性和碱性土壤；利用率较低，追肥时应施于根系附近；每667平方米用量60～80千克 |
| | 重过磷酸钙 | 含磷45% | 每667平方米用量15～20千克，其他同过磷酸钙 |
| 钾素化肥 | 硫酸钾 | 含钾48%～52% | 可做基肥、追肥施用，适当深施，每667平方米施用量20～30千克 |
| 复合肥 | 磷酸二铵 | 含氮18% 含磷45% | 多用作基肥、追肥，早施，每667平方米施用量为20～30千克 |
| | 磷酸二氢钾 | 含磷23% 含钾29% | 多用于根外追肥，喷施浓度0.3%；也可用于浸种，浓度0.2% |
| | 氮磷钾肥 | 含氮15% 含磷15% 含钾15% | 多用作基肥，每667平方米施用量50千克左右 |
| 微量元素 | 硫酸锌 | 含锌23% | 每667平方米1～2千克，喷施叶面浓度0.2%～0.3% |
| | 硼砂 | 含硼11.6% | 每667平方米0.5千克，喷施叶面浓度0.2～0.3% |
| | 钼酸铵 | 含钼49% | 每667平方米200克，喷施叶面肥浓度0.2%～0.3% |

# *141* 农药在辣椒上的科学使用方法如何？

无公害蔬菜生产要求蔬菜中的农药残留量控制在允许的范围内，符合国家卫生安全标准，而并非不使用农药。化学农药是农作物病虫草害防治的重要手段，对保证农作物生产起到重要作用。然而化学农药为有毒物质，过量使用、不当使用或选用高毒农药等，都能导致蔬菜严重污染。目前还做不到完全不用化学合成农药来防治病虫草害，这就要求科学合理地使用农药，既要防治病虫草害，又要减少污染，达到无公害的标准。无公害农药施用就是指用药量少，防治效果好，对人畜及各种有益生物毒性小或无毒，农药残留在外界环境中易于分解，不造成对环境及农产品污染。

# *142* 无公害农药的种类有哪些？

**（1）生物源农药**：指直接利用生物活体或生物代谢过程中产生的具有生物活性物质或从生物提取的物质作为防治病虫草害以及其他有害生物的农药。具体可分为植物源农药、动物源农药和微生物源农药。如 Bt（苏云金芽胞杆菌）、除虫菊素、烟碱大蒜素、性信息素、井冈霉素、农抗 120、浏阳霉素、链霉素、多氧霉素、阿维菌素、芸薹素内脂、除螨素、生物碱等。

**（2）矿物源农药**（无机农药）：指有效成分起源于矿物的无机化合物的总称。主要有硫制剂、铜制剂、磷化物，如硫酸铜、波尔多液、石硫合剂、磷化锌等。而毒性较小、残留较高的砷制剂、氟化物等不在本推荐范围之内。

**（3）有机合成农药**：限于毒性小、残留量低、使用安全的有机合成农药。有使用安全的菊酯类和部分中、低毒性的有机磷、有机硫等杀虫剂、杀菌剂及部分中低毒性的二苯醚类除草剂等，如氯氰菊酯、溴氰菊酯、辛硫磷、多菌灵、百菌清、甲霜灵、粉锈宁、扑海因、甲硫菌灵、抗蚜威、禾草灵、稳杀得、禾草克、果尔、都尔等。

## *143* 无公害辣椒农药使用准则是什么?

(1) 严格选择农药并严格控制农药使用安全间隔期：无公害朝天椒生产使用农药应严格筛选，优先使用生物农药，所使用的化学农药是国家规定的高效、低毒、低残留品种（表3），如敌百虫、抗蚜威、菜宝杀虫剂、多菌灵、井冈霉素、粉锈灵等，严禁使用有机氯、有机汞制剂和甲胺磷、呋喃丹等剧毒、高残留农药（表4）。部分化学农药允许限量使用（表5）。需要注意的是，蔬菜农药残留量与最后一次施药时间距离采收时间的长短有很大关系，时间间隔期短，则农药残留量多，反之则少。农药安全使用标准中规定了每种农药的安全间隔期，间隔天数在夏季至少为6～8天，在春秋季至少为8～11天，在冬季则应在15天以上，应严格掌握。

**表3 无公害朝天椒生产允许使用的杀菌剂**（以667平方米计）

| 农药种类 | 常用药量 | 安全间隔期（天） |
|---|---|---|
| 百菌清 | 100克 600倍 | 7 |
| 代森锰锌 | 175～255克 600倍 | 10 |
| 代森锌 | 200～300克 800倍 | 6 |
| 代森铵 | 150～250克 1 200倍 | 7～10 |
| 速克灵 | 50～100克 1 000倍 | 7～10 |
| 多菌灵 | 50～70克 1 000倍 | 10～12 |
| 杀毒矾 | 65～100克 400倍 | 7～10 |
| 粉锈宁 | 4 000倍 | 7～10 |
| 双效灵 | 300～450倍 | 7～10 |
| 可杀得 | 500～8 000倍 | 7～10 |
| 农用链霉素 | 400～600倍 | 7～10 |
| 瑞毒素 | 500～800倍 | 10～12 |

**表 4　无公害朝天椒生产禁止使用的农药**

| 种　类 | 农药名称 | 危　害 |
|---|---|---|
| 剧毒农药 | 磷胺、甲胺磷、呋喃丹、1605、甲基1605、杀螟威、三硫磷、五氯酚等 | 毒性大，能通过人的口腔、皮肤和呼吸道等途径进入人体内引起急性中毒 |
| 中毒农药 | 汞制剂、赛力散、西力生等 | 残效期长，在土壤中半衰期为10～30年，能使人畜神经系统产生累积性中毒 |
| 低毒农药 | 六六六、滴滴涕、氯丹、狄氏剂等 | 化学性质稳定，不易分解，挥发性小，土壤中十年才能消失95％，为脂溶性药物，能够积累在植物和人畜体内脂肪里 |

**表 5　无公害朝天椒生产允许使用的杀虫剂**

| 农药种类 | 常用药量（倍） | 安全间隔期（天） |
|---|---|---|
| 乐果 | 200 | 7～10 |
| 乐斯本 | 1 000～2 000 | 7 |
| 敌百虫 | 500～800 | 7 |
| 敌杀死 | 2 500～5 000 | 2 |
| 安绿宝 | 1 500～4 000 | 1～5 |
| 速灭杀丁 | 2 000～4 000 | 5 |
| 灭福灵 | 2 000～4 000 | 5～12 |
| 万灵 | 2 000～4 000 | 7 |
| 克螨特 | 1 000 | 15 |
| 三氯杀螨醇 | 1 000～1 500 | 15 |

　　**(2) 熟悉病虫种类并了解农药性质对症下药**：掌握朝天椒病虫害的基本知识，正确判断有害生物的种类，据不同对象选择适用的农药品种，对症下药。如扑虱灵防治白粉虱若虫有特效，但防治蚜虫效果较差；甲霜灵、瑞毒霉防治各种蔬菜霜霉病、早疫病、晚疫病等有特效，但不能防治白粉病；专治蚜虫的抗蚜威、大功臣等就不能用来喷杀螨类害虫，而喷杀螨类害虫的应专用杀灭螨类害虫的

农药；特别是一些生理病害容易被当作非生理性病害防治。总之，使用农药前应充分了解农药的性能和使用方法，根据所防治病虫害的种类使用合适的农药类型或剂型。

**（3）准确把握适期防治病虫害：**防病农药多是保护性药剂，要提前施用，以防为主。发病后再喷药，效果较差，而且会影响作物生长和产量，应在病害发生前或刚发生时防治。病虫害在田间的发生发展都有一定的规律性，根据病虫的消长规律，讲究防治策略，准确把握防治适期，准确选用适宜的农药，有事半功倍的效果。如防治红蜘蛛，应掌握在点片发生阶段；霜霉病的发生是由下部叶开始向上部发展的，早期防治霜霉病的重点在下部叶片，可以减轻上部叶片染病；蚜虫、白粉虱等害虫喜栖息在幼嫩叶子的背面，因此喷药时必须均匀，喷头向上，重点喷叶背面，朝天椒病毒病与蚜虫关系密切，只要防治好蚜虫，病毒病的发生率就能明显降低。

生物农药作用较慢，使用时应比使用化学农药提前2～3天。

**（4）适量交替科学用药：**应正确掌握用药量。在一些生产者中存在着某些用药误区，认为用药量越多，杀虫或治病效果越好。提高农药用量，不但造成农药浪费，增加了成本，而且造成农药残留量增加，易对作物产生药害，导致病虫产生抗性，污染环境等。反之，用药量不足时，则不能收到预期防治效果，达不到防治目的。

为提高农药防治效果，防止和减缓病虫对农药产生抗性，应采取多种药剂交替、轮换使用，不要局限于单一品种农药，应注意选用化学结构不同、有效成分不同和剂型不同、作用机制不同以及有负交互抗性的农药品种，轮换使用。能够混合使用的药剂应混合使用，应现配现用。农药混配应以保持原药有效成分或有增效作用，具有良好的物理性状为前提。朝天椒生长前期以高效低毒化学农药和生物农药混用或交替使用，生长后期以生物农药为主。

使用合适的施药器具，保证施药质量。使用农药应推广低容量喷雾法，并注意均匀喷施。通过触杀或胃毒、熏蒸等作用，达到防治效果。同时，根据病虫在田间的发生情况，准确选择施药方式，能挑治的决不普治，能局部处理的决不普遍用药。

　　**(5) 农药防治要与综合防治相结合：**在无公害朝天椒生产中，尽量实现物理防治、化学防治和农业防治等综合防治技术，控制化学农药的使用，以尽量减少朝天椒产品中的农药污染，生产出安全、营养的无公害朝天椒产品。

# 十三、朝天椒采收及储藏技术

## 144 如何科学采收朝天椒?

朝天椒采摘有很多学问,椒农的采摘经验主要有以下几点:

**(1) 整秧晾晒**:簇生朝天椒整秧收获后,整秧晾晒比单晒椒果脱水快,因为椒果在秧上时水分可以通过输导组织向整个植株散发,而摘下的湿椒好似一个密封的容器,其表面的角质膜阻止了水分散发,不但椒果干得慢,而且椒蒂脱离植株形成的创伤面易遭受真菌和细菌侵染,极易发生霉变,因此最好在整秧晾晒达到标准后再摘椒。

**(2) 适时摘椒**:辣椒收获后整秧晾晒,当辣椒果实含水量降低到18%~20%时,是恰当的摘椒时机。用椒农的说法叫做"手摇籽响"时,即用手摇晃辣椒秧能听到辣椒籽撞击辣椒壁的声音,当晾晒的辣椒有85%以上达到这一程度时,即可摘椒。

**(3) 喷水巧摘椒**:高质量的辣椒干握在手里感觉微有弹性,又不破碎,而在实际操作中总有由于辣椒过于干燥而在采摘过程中破碎的现象。针对这个问题,在摘椒前5~12小时向辣椒棵上喷水雾,水温25~35℃,可洁净椒面,清除灰尘和泥巴,降低辣味对人的刺激,最主要的是摘椒的时候大大减少了椒果破损。椒农管这一技术叫"人工回潮",喷水主要针对椒果与植株的接触部位。

**(4) 巧掰椒**:在摘干辣椒的时候,由于用劲不当,椒蒂部位的黄色果肉部分容易破损,从而造成椒果不完整,容易感染病菌,因此摘椒时既不要"掐",也不要"揪",而要巧用"掰"劲。

**(5) 阴干脱水**：摘下经过"人工回潮"的椒干，要在遮阳的条件下进行第二次脱水干燥，如在通风的阴棚下或通风条件好的室内，而不要在阳光下直晒。多年的生产实践发现经晒干的辣椒，本应鲜红的色泽变得暗淡，红中发白，使外观商品性状变差。原因是辣椒中所含辣椒红素在阳光照射下会发生光解反应。经过一段时间的阴干处理，辣椒含水量达到 14% 左右标准时，经过挑选分级，辣椒即可出售或存放。实际操作中可把干辣椒对折一下，然后再打开，在对折线上有一条明显的白印，若对折处没有裂痕，此时辣椒的水分含量应为 14% 左右。特别应指出的是，在整秧晾晒、摘椒和分级挑选过程中也要尽量避开阳光直晒，长期贮藏时最好也避光。

# *145* 如何采收和晾晒朝天椒？

采收和晾晒是制干辣椒生产过程中最后一个环节，为确保产品的质量和产量，提高干椒等级，增加经济效益，必须掌握正确的采收技术和晾晒方法。

采收方法分收拔椒棵采收和大田直接采收椒果两种：①收拔椒棵采收：辣椒最好连根拔，如确实干旱地硬拔不出，用镰刀贴根割也可，原则是带根茎越多越好，可供椒果继续从秸秆上吸收养分，增加椒皮厚度、红度和光泽。②大田直接采收椒果：在大田中的椒株上直接采收椒果。为了提高产品品质，在采收过程中要避免采收白皮花果，严禁黄果、青果、红果混装，采摘时应轻拿轻放，不要挤压椒果，损伤椒果表皮蜡质层，影响干椒品质。

晾晒方法分两种：①将拔下的鲜椒棵拉运到晒场后，先根朝下竖直摆放晾晒 5～7 天（注意通风透气），抖落椒叶后再上下翻转，根朝上，晾晒 5～7 天。待椒秆八成干时上垛，一米高一垄，当椒果达到手握无气、手捻不转时，即可采摘椒果，分级销售。②从田间收获的朝天椒成熟果实及时晾晒不可堆积，以免霉烂。晾晒时可先放在通风遮阳处，将果实薄摊在帘子或席子上，每天翻搅 2～3 次，待大部分干后，堆积 1～2 天，再移到阳光下晒至全干。切记不能把新摘回的朝天椒放在水泥地上晾晒，这样会把果皮晒成花皮，降低商品品质。充分干燥的标准是摇之响声清脆，捻之果皮破碎。

## *146* 朝天椒采收应注意哪些方面？

**(1) 成熟的标准：**色泽深红，果皮略皱，即可采收。一般开花到成熟需 50～65 天，果实转红后并未完全成熟，需要再等 7 天左右。

**(2) 采收次数：**由于单生朝天椒坐果层多，果实数量多，因此成熟时期也不同。在劳动力许可的情况下，田间可多次采收，减少养分消耗，促进上层坐果、成熟。北方地区簇生朝天椒采取一次拔秧采收的方式。当全株果实成熟后，连棵拔回，靠在通风处晾晒 5～7 天，然后根对根横堆成垛，令其自然风干。若数量不大，也可以根部扎成小捆倒挂在横木上，也可挂在房檐下直接晒干。

**(3) 果柄处理：**根据收购要求，采摘时要求不带柄和宿存的花萼。无柄朝天椒的价格较高，比较容易晾晒。不带柄采摘的方法是：一手紧捏果柄，一手捏着果实向旁边轻轻用力，即可掰下无柄椒果。但无柄果实在潮湿环境下易霉烂，要注意干燥处理。

## *147* 朝天椒采收后如何进行分级？

在晾晒的同时应做好分级工作。一般把果实分为深红果、淡红果、青黄果、青果、病虫果五级，分开存放，分级出售。暂不出售的朝天椒要装袋，保存在干燥的室内，还要定期检查，及时翻晒，防止受潮、霉变和虫害。

# 十四、朝天椒加工

## 148 朝天椒的加工技术有哪些？

辣椒营养丰富，富含蛋白质、糖类、脂肪、维生素 A、维生素 C 及少量的钙、磷、铁等。辣椒中含有的辣椒碱辛辣味强，具有特殊的调味作用。红辣椒中含有的辣椒红素色泽鲜红。所有这些都使辣椒成为深受人们喜爱的蔬菜，除鲜食外更被人们加工成各种美味的辣椒制品。现将几种干、鲜朝天椒加工技术介绍如下：

**(1) 鲜朝天椒加工技术：**

腌红辣椒：将 10 千克鲜红辣椒洗净，在开水中焯 5 秒钟迅速捞出，沥干水，晾晒后放入容器中，加入 2 千克盐、500 克白糖拌匀，腌 24 小时后入缸，淋入 100 克料酒，密封贮藏约 60 天后即成。成色肉质脆嫩，味香醇，可佐餐，也可调味。

腌青辣椒：将 10 千克鲜青辣椒洗净，晾干，用干净的尖锐器具将辣椒扎眼，后装入缸或其他容器中。将 30 克花椒、25 克大料、25 克干生姜装入布袋，投入用约 2.50 千克水和 1.40 千克盐配成的盐水中，煮沸 3～5 分钟后捞出，待盐水冷却后倒入装有辣椒的缸内。每天搅动一次，连续搅 3～5 次，约经 30 天后即成。味咸辣，色泽绿。

泡红椒：选择新鲜、肉厚、无伤烂、带柄的大红辣椒 10 千克、盐 1.5 千克、白酒 100 克、咸卤水 10 千克、红糖 250 克、花椒和八角各 15 克放入坛中，调匀密封，约经 10 天后即成。其鲜脆香甜、微辣。

　　**酸辣椒**：先将鲜辣椒 10 千克洗净，用开水烫漂一下，烫软后捞出沥干水分，装入缸内。然后加入米酒、醋精各 20 克及凉开水，水面高出辣椒 10 厘米左右，密封腌渍 2 个月，即可食用。其酸辣兼备，开胃可口。

　　**酱油辣椒**：先将 10 千克辣椒洗净，晾干，加 1 千克食盐腌 5 天后出缸，晾干后放入装有 4 千克酱油的缸中，2 天后翻动一次，隔 2～3 天再倒缸一次，约经 7 天后即成。其味鲜美，质脆嫩。

　　**泡甜椒**：先将 10 千克辣椒洗净，晾干，用针或竹签扎眼，装入盛有盐水的泡菜坛中，盐水由 3.5 千克凉开水，2.6 千克盐配成，后盖好盖，在坛口水槽内注满凉水密封，经 10～15 天后即成。其脆甜开胃。

　　**五香辣椒**：将约 10 千克辣椒洗净，晒成半干，加入 1 千克盐、100 克五香粉拌匀，装入缸内密封，约 15 天后即成。

　　**渣辣椒**：将 65 千克鲜红辣椒去蒂，洗净，用刀剁成细末，加入 35 千克玉米粗粉、5 千克食盐、0.5 千克花椒粉、1 千克生姜汁，拌合均匀，装缸后密封 40 天即成。

　　**（2）脱水朝天椒加工技术**：

　　**干辣椒粉**：选用上等干红辣椒，去柄，剪碎，分出椒壳和椒籽。然后把椒壳和椒籽分别放入铁锅中用微火焙炒。焙炒椒壳时放入少量植物油，以减少辣椒味。在焙炒椒籽时按椒壳、椒籽总重量放入 3% 的花椒，可增加麻味，还可防霉、防虫，椒壳、椒籽分别焙干至出现焦黄点，然后捣碎或磨碎即成。

　　**辣椒油**：将干辣椒去蒂，碾成粉末，加入一定量的植物油，在炉上熬制滤去渣滓即为辣椒油。生产辣椒油时也可添加优质黄豆油加热，然后加入鲜红辣椒粉、细盐、芝麻、生抽等，加工后装瓶密封即成。产品色泽鲜艳，辛辣可口、气味芬芳。

　　**（3）朝天椒酱制加工技术**：

　　**辣椒酱**：将 7 千克新鲜青辣椒与 3 千克干辣椒剁碎，1 千克黄豆入锅炒出香味，然后磨成粉。用 400 克芝麻炒出香味压碎，500

克生姜切末。将 500 克生油和 200 克香油放进锅中微热，倒入辣椒翻炒几分钟，加入黄豆粉、芝麻、姜末、500 克食盐及 500 克酱油等炒几分钟，起锅后装缸密封即成。

辣椒芝麻酱：将 10 千克新鲜辣椒和 1 千克芝麻切成细碎末，再和 100 克花椒、100 克八角、300 克五香粉、1 千克盐等配料混合拌匀，一同入坛即成。成色香、鲜、辣俱佳。

豆瓣辣酱：将 10 千克鲜辣椒洗净，去柄，切碎，入缸，加入盐 500 克、10 千克豆瓣酱，搅匀，每天翻动一次，约经 15 天即成。鲜辣可口。

辣椒糊：将 10 千克红辣椒去柄，洗净，上碾，碾细后入缸，加入 2.5 千克盐，搅匀，封缸贮存，每天搅拌一次，10 天后即成。色红鲜艳，味辣细腻。

红辣酱：先将 10 千克红辣椒洗净，晾干，再将 30 克花椒、50 克大料和 1.5 千克盐粉碎，与辣椒末一并入缸密封，经 7 天后即成。

## *149*　辣椒色素的主要组成成分是什么？

辣椒色素是天然色素研究的热点之一，是含有多种色素成分的混合色素，包括辣椒红素、辣椒玉红素、隐黄素等红色系色素和紫黄质、黄灵等黄色系色素。

目前辣椒色素产品主要是辣椒红色素，它属于类胡萝卜素中的复烯酮类，为辣椒红素、辣椒玉红素和 β-胡萝卜素的混合物，安全无毒，能够被人体消化吸收，并在人体内转化为维生素 A。辣椒红色素外观为深红色黏性油状液体，可任意溶于植物油、丙酮、己醚、三氯甲烷、正己烷，易溶于乙醇，稍难溶于丙三醇，不溶于水，对酸对碱稳定（在偏酸性环境中稳定性更好），在加热条件下不易被破坏，并且具有较强的着色力和良好的分散性，但耐光性、耐氧化性较差，波长 210～440 纳米特别是 285 纳米紫外光可使其褪色，添加L－抗坏血酸可提高其光稳定性，添加类黄酮和多元酚等物质可作为抗氧化剂。辣椒红素色泽鲜艳，色价高，其显色强度为其他色素的 10 倍。

# *150* 辣椒色素的提取精制工艺如何？

（1）有机溶剂萃取法：根据辣椒色素的理化性质，工业上多采取以下方法进行提取。将茄科植物辣椒的成熟干燥果实之果皮粉碎后，用乙醇、丙酮、异丙醇或正己烷等抽提。考虑到天然红辣椒中含有辣椒红素、辣椒素、辣椒油脂等成分，其中辣椒素即辣椒碱有辣味，高温下产生刺激性蒸气，因此在辣椒色素的精制过程中必须将其去除。从结构上看辣椒素含有酰胺键，分子中含有一个羟基，是一个极性化合物，其晶体呈现为单斜棱柱体或矩形，熔点 61℃，溶于稀乙醇、己醚、丙酮、乙酸乙酯等溶剂及碱性水溶液中。考虑到辣椒红素混合物和辣椒素在不同溶剂中溶解度不同，可以利用两者的溶解度差异进行脱辣处理。

利用辣椒红色素易于溶于正己烷而辣椒素较难溶于正己烷的性质将两者进行分离，操作步骤如下：称取经去蒂、去籽、粉碎处理后的红辣椒粉末，以丙酮为萃取剂进行常压萃取操作，提取液在温度 90℃、真空度 0.09 兆帕的条件下进行减压蒸馏浓缩，同时回收丙酮。用丙酮提取辣椒红素的过程实质上是液固之间通过相际接触表面进行的传质过程，传质速率的快慢决定着传质设备的尺寸及操作时间。该方法为了提高传质速率，采用索氏提取器对粉末状的干红辣椒进行提取，称取一定量的经浓缩的辣椒红素粗产品用一定量的正己烷进行萃取脱辣。色价定义为单位质量原料提取物的吸光度。

该方法操作简单，色素回收率较高，产品得率高，但产品色价较低。由于色价值与辣度呈负相关，说明该方法脱辣不够彻底，对于以辣椒红素为主要产品且对辣椒素含量要求不是十分苛刻的情况，可以采用此方法。张宗恩等以丙酮为溶剂提取制备辣椒油树脂，油树脂得率高、色价高、辣椒素含量低，便于分离。采用 pH 大于 10.37 的丙酮（50％）溶液进行 5 次以上脱辣萃取可得到口尝无辣味的红色素。该方法工艺简单，操作方便，所得色素的各项质量指标均符合联合国粮农组织和世界卫生组织（FAO/WHO）的标准。

**（2）柱层析法：** 据报道，辣椒中的辣椒素即使稀释 1：100 000 倍仍能感觉到辣味，这在很大程度上限制了辣椒色素的应用。因此，去掉辣味成分就成为提取分离辣椒红色素工艺的关键步骤。用硅胶柱层析分离辣椒色素属分配层析法，是根据色素和辣素的结构差异，在束缚于硅胶上的固定相和洗脱液中的溶解度不同，因此在固定相和洗脱液之间的分配系数不同而达到分离效果。通过研究用硅胶柱层析分离辣椒红色素，总结出以下工艺流程：

辣椒→挑选→粉碎→加酶→过滤→浓缩→乙醇石油醚提取→过滤→浓缩→上硅胶柱→洗脱→浓缩→得深红色黏稠液体

操作要领：①加酶。加酶水解使细胞中与蛋白质、脂肪、糖类等结合的色素游离出来，便于用溶剂提取。②提取。以 90％乙醇和石油醚（1：1）的提取液在室温下搅拌，提取，经过滤后减压浓缩。③通过薄层层析寻找洗脱条件。当石油醚和食用级 90％乙醇体积比＝2：1 时展层效果最好。④将提取的浓缩液上硅胶柱，柱直径 10 厘米，高 100 厘米，用洗脱液洗脱，收集红色洗脱部分。⑤将收集的洗脱部分减压浓缩。实验所得红色黏稠液经检验水分含量 0.37％，脂肪含量 90.68％，不含辣椒素。

辣椒红色素的柱层析提取精制方法：用丙酮作萃取剂从红辣椒干粉中提取出辣椒红粗品，粗品经减压蒸馏浓缩处理后进行柱层析脱辣精制操作。该试验鉴于柱层析法的优点，采用尺寸规格较大的玻璃柱进行柱层析分离，选用粒径 74～152 微米硅胶作填料，石油醚与丙酮的复配混合液（10：1）为展开剂进行柱层析。辣椒红粗品上柱淋洗分离，首先流出的是橙黄色液体（量少），其次是辣椒红色素，最后是较难洗脱的淡黄色且具较浓辣味的液体。收集红色素产品进行减压蒸馏浓缩，用 751 分光光度计测定其色价 E1％ 1 厘米（460nm）＝56.5，色素回收率平均可达 67.2％。

针对现有研究中大多介绍以红辣椒为原料提取无辣味混合色素的方法但未对混合色素作进一步分离分析的问题，研究又提出了采用柱层析对辣椒色素中的黄色素进行分离。该方法以硅胶为固定相，丙酮、95％乙醇分别作为辣红素和辣黄素的洗脱剂，每次分离的色素量为硅胶质量的 4％～2％，分离后的液体经减压蒸馏得浓缩产物。通过此过程不但可得到辣椒色素中的主要副产品黄色素，而且相应地提高了主要成分的纯度，得到纯度较高的红色素。

采用柱层析分离技术，选用吸附剂 X 和混合洗脱液用于中试，将辣椒色素中红、橙、黄进一步分离，可使低质量辣椒红色素的色价和色调得到较大提高。吴明光等采用柱层析分离技术，从辣椒果皮中分离出了游离型结晶辣椒红色素单体，其含量大于 95％，这是我国辣椒红色素在剂型上的突破。

**（3）超临界 CO₂ 流体萃取技术：**由于辣椒红素的油状特性使得采用有机溶剂萃取分离得到的辣椒色素产品中有较高的溶剂残留，采取一般的洗脱剂产品很难达到联合国粮农组织和世界卫生组织（FAO/WHO，1984）规定的最新标准，极大地影响了辣椒色素的实用和出口创汇。超临界流体萃取是一种新型的化工分离技术。该技术的关键是了解超临界流体的溶解能力及随诸多因素影响的变化规律。超临界 CO₂ 流体萃取（SCFE - CO₂）就是使用高于临界温度、临界压力的 CO₂ 流体作为溶媒的萃取过程。处于临界点附近的流体不仅对物质具有极高的溶解能力，而且物质的溶解度会随体系的压力或温度的变化而变化，从而通过调节体系的压力或温度就可以方便地进行选择性地萃取分离不同物质。超临界分离技术工艺简单，能耗低，萃取溶剂无毒、易回收，所得产品具有极高的纯度，残留溶剂符合 FAO/WHO 要求。国内已报道采用自行设计的超临界 CO₂ 流体萃取设备进行辣椒色素提取。该设备主要由供气系统、超临界 $CO_2$ 流体发生系统、萃取分离系统、计量系统 4 部分组成，所有部件都国产化。实验表明，最佳萃取条件为粒度 ＜1.2毫米，萃取压力 15 兆帕，萃取温度 50℃，流量 6 米³/小时。在萃取过程中，根据 UV3 000 紫外可见分光光度计测定 200～600 纳米的吸光度曲线判断辣椒色素与辣椒素的分离效果。用色素的丙酮溶液在 449 纳米处测定吸光度，所得值即为色素的色价。用该方法萃取的辣椒色素各项质量指标均超过国家标准。

采用超临界萃取装置对辣椒色素进行分离、提纯。使产品符合 FAO/WHO 残留溶剂标准要求（己烷含量≤25 毫克/千克）的最佳工艺参数：萃取压力 18 兆帕，萃取温度 25℃，萃取剂流量 2.0 升/分钟，萃取时间 3 小时。在最佳工艺条件下产品色价可达到 342。韩玉谦等采用超临界 $CO_2$ 流体萃取技术对色价100～180，溶剂残留 $30×10^{-6}$～$150×10^{-6}$ 的辣椒红色素进行精制，实验结果表明当萃取压力控制在 20 兆帕以下时，辣椒红色素的色价和色调几乎不受损失，有机溶剂的残留可以降低到 $2.7×10^{-6}$ 左右，但辣椒色素中的红色系色素和黄色系色素未达到完全分离。研究发现在超临界 $CO_2$ 流体萃取辣椒色素的过程中使用助溶剂如 1‰的乙醇或丙酮、升高提取压力能提高辣椒色素得率。在较低压力下分离得到的辣椒色素几乎都是 β-胡萝卜素，而在较高压力下得到较大比例的红色类胡萝卜素如辣椒红色素、辣椒玉红素、玉米黄质、β-隐黄质等和少量 β-胡萝卜素。在两步分段提取过程中，第一阶段采用分离红辣椒油和 β-胡萝卜素的技术保证了第二阶段辣椒色素提取的富集，并使辣椒红、黄色素比率达到 1.8。在自行开发的多功能超临界 $CO_2$ 流体萃取分馏装置上对辣椒色素脱辣精制技术进行了研究，结果表明在小于 10.0 兆帕压力下可萃取出黄色和辣味成分，保留红色素；当压力大于 12.0 兆帕时可将红色组分萃取完全。尽管超临界流体萃取天然色素具有很多优点，但由于超临界设备一次性投资较大，目前我国在这一领域还未得到广泛的应用。

此外，采用两步法萃取分离红辣椒，即先用有机溶剂浸取法从干尖辣椒中萃取出含有红色素、辣椒素和焦油味臭味的辣椒浸膏，然后再用超临界 $CO_2$ 萃取的方法去除焦油味、臭味，并把红色素和辣椒素分开，从而得到不含有机溶剂的红色素和辣椒素，产量较单纯用超临界萃取方法提高 5～7 倍，且质量远超过 FAO/WHO（1984）标准。

# 主要参考文献

耿三省，张晓芬，陈斌．2006．无公害辣椒标准化生产．北京：中国农业出版
　社．

郝德林．2007．朝天椒套种玉米栽培技术．辽宁农业科学（2）91-92.

何青，安狄．2004．辣椒与中国辣椒文化．辣椒杂志（2）：46-48.

蒋连森．1996．朝天椒高产优质栽培技术．北京：中国农业出版社．

山东农业大学．1989．蔬菜栽培学：北方本．北京：农业出版社．

沈火林，李东文．2001．大棚辣椒栽培技术问答．北京：科学技术文献出版
　社．

汪炳良．2004．番茄茄子辣椒生产答疑解难．2版．北京：中国农业出版社．

王萍，葛秀亭，周诸元．1998．辣椒优质丰产栽培技术问答．济南：山东科学
　技术出版社．

张淑英．2004．优质高产朝天椒主要品种介绍．当代蔬菜（9）：8.

中国农业科学院．1987．中国蔬菜栽培学．北京：农业出版社．

**图书在版编目（CIP）数据**

小辣椒（朝天椒）栽培百问百答/耿三省，陈斌，
张晓芬著 . —2 版 . —北京：中国农业出版社，2013.3
（2017.11 重印）
（专家为您答疑丛书）
ISBN 978 - 7 - 109 - 18913 - 3

Ⅰ.①小…　Ⅱ.①耿…②陈…③张…　Ⅲ.①辣椒—
蔬菜园艺—问题解答　Ⅳ.①S641.3 - 44

中国版本图书馆 CIP 数据核字（2014）第 032679 号

中国农业出版社出版
（北京市朝阳区农展馆北路 2 号）
（邮政编码 100125）
责任编辑　杨天桥

中国农业出版社印刷厂印刷　新华书店北京发行所发行
2014 年 10 月第 2 版　2017 年 11 月第 2 版北京第 2 次印刷

开本：880mm×1230mm 1/32　印张：4.625　插页：2
字数：120 千字　印数：5 001～8 000 册
定价：20.00 元
（凡本版图书出现印刷、装订错误，请向出版社发行部调换）

PT-3

SSC309

LJ1229

博辣天骄

博辣天星

鸿威2号

红贵7号

亮　优

红艳艳指天椒

满天红2号

艳　丽

单生-618

簇生-958

天红302

国塔106

国塔116

红　秀

火　焰

火　炬

天宇3号

金　冠

欢迎登录：中国农业出版社网站
www.ccap.com.cn

专家为您答疑丛书

# 小辣椒
## （朝天椒）栽培
### 百问百答
第2版

XIAOLAJIAO (CHAOTIANJIAO) ZAIPEI
BAIWEN BAIDA

封面设计：陈　娱
版式设计：韩小丽

ISBN 978-7-109-18913-3

9 787109 189133 >

定价：20.00元